国家社会科学基金西部项目：
乡村振兴战略下侗族传统村落的保护与文化传承研究
（19XMZ049）

# 侗族建筑

## 形式与功能

刘秋美　贺明卫　刘湖洋　等编著

U0307578

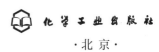

化学工业出版社

·北京·

## 内 容 简 介

作者团队调研了贵州、湖南、广西等侗族地区众多村寨，从民居建筑和公共建筑视角，对侗族地区进行全面考察与梳理。《侗族建筑形式与功能》归纳总结了侗族木质民居建筑的地基处理、结构、平面布局、细部构造、建筑材料以及民居建筑的营建程序；系统介绍了侗族鼓楼、风雨桥、寨门、戏楼、飞山庙、萨坛、宗祠、凉亭、古井、土地祠、石料路桥等公共建筑的平面、结构、细部构造、造型、使用功能与特征。

本书资料完备、结构严谨，对研究侗族村寨的建筑具有较好的参考价值，适合于土木工程、建筑学、城乡规划学或民族学等研究学者、建筑师、规划师和文化遗产保护工作者阅读，同时也可供对侗族建筑感兴趣的其他领域的研究者及普通读者阅览、收藏。

**图书在版编目（CIP）数据**

侗族建筑形式与功能 / 刘秋美等编著. —北京：化学工业出版社，2022.8
ISBN 978-7-122-41305-5

Ⅰ. ①侗⋯  Ⅱ. ①刘⋯  Ⅲ. ①侗族 - 民族建筑 - 研究 - 中国  Ⅳ. ① TU-092.872

中国版本图书馆 CIP 数据核字（2022）第 072496 号

责任编辑：刘丽菲　　　　　　　　　　文字编辑：林　丹　沙　静
责任校对：杜杏然　　　　　　　　　　装帧设计：李子姮

出版发行：化学工业出版社（北京市东城区青年湖南街13号　邮政编码100011）
印　　装：大厂聚鑫印刷有限责任公司
710mm×1000mm　1/16　印张11　彩插18　字数175千字　2023年1月北京第1版第1次印刷

购书咨询：010-64518888　　　　　　　售后服务：010-64518899
网　　址：http://www.cip.com.cn
凡购买本书，如有缺损质量问题，本社销售中心负责调换。

定　　价：98.00元　　　　　　　　　　　　　　　版权所有　违者必究

侗族聚居区位于东经 108°～110°，北纬 25°～31°，南北长度约为 580km，东西宽度约为 360km，面积约为 20 万 km²，是贵州、湖南、广西三省（自治区）交界的毗连地带，是一个跨省、跨行政辖区的民族区域，同样也是一个具有一定特点的自然地理区域。侗族聚居区内气候温暖湿润，年降雨量 1200mm 左右，年平均气温在 15～18℃之间，春少霜冻、夏无酷暑、秋无苦雨、冬少严寒，属中亚热带湿润山地气候，为侗族聚居区内的"林粮兼作"生产方式提供自然条件，也是侗族建筑使用杉木作为主要建筑材料的原因❶。

在辉煌灿烂的中华建筑文化里，侗族的传统建筑是民族建筑的精华，有干栏的朴拙、宝塔的雄姿、阁楼的清靓、宫殿的典丽，造型精美，工艺精湛，是楚越文化的融合，自己又独具一格❷。大大小小侗族村寨，一般都建有民居、鼓楼、风雨桥、寨门、戏楼、萨坛、粮仓、禾晾、飞山庙、土地祠等建筑，形式各具特色、琳琅满目、美不胜收。历代的侗族工匠师傅们采用传统工艺修建出美观实用的大量传统民居、鼓楼、风雨桥等木质建筑，展现了侗族工匠木结构技人的聪明才智。侗族优秀传统建筑文化是中华建筑文化的重要组成部分，也是全人类共有财富，我们应该珍视，并注重保护和传承发展。

侗族传统建筑的奇特，不仅在于建筑形式与功能的奇特，且奇于建造数量之多。南侗地区村村寨寨都有鼓楼、风雨桥，小寨一座，大寨五六座，景观十分壮丽。

侗家人运用本地的木、瓦、石建造出实用又美观的民居建筑和公共建筑，建筑材料取于自然、用于自然，是质朴的自然美。侗族村寨中传统民居建筑鳞次栉比、高低错落，棕褐色的木结构、青灰色的屋面瓦与周围山体、丛林互相辉映，融

---

❶ 蔡凌. 侗族建筑遗产保护与发展研究 [M]. 北京：科学出版社，2018.

❷ 高雷，程丽莲，高喆. 广西三江侗族自治县鼓楼与风雨桥 [M]. 北京：中国建筑工业出版社，2015.

合一体，淡雅而朴实。

我是土生土长的侗家人，对家乡的建筑文化有着深厚的情感，且被深深吸引着。这本书的撰写是我多年以来的夙愿，因此，不惜付出大量精力，奋战 3 年，通过实地调研、查阅文献、测绘成图、收集绘制整理，对侗族传统建筑的形式、功能与建造技艺进行清晰描绘，希望能为侗族传统建筑与建造技艺的保护和文化传承提供资料，也为希望学习研究和了解侗族建筑文化的学者提供参考。

本书由刘秋美、贺明卫、刘湖洋、王芳、杨江红编著，具体分工：第 1 章、第 2 章、第 3 章、第 4 章、第 8 章由刘秋美编著；第 5 章、第 6 章由刘湖洋编著，并参与实地调研、查阅文献、测绘成图、收集整理归类；第 7 章由贺明卫编著；第 9 章由王芳、杨江红编著。刘秋美负责全书统稿。

本书主要参考文献都附列于脚注，在此谨向原作者表示感谢。由于时间仓促和编著者水平有限，难免存在缺点和疏漏之处，谨请使用本书的读者批评指正。

本书由国家社会科学基金西部项目"乡村振兴战略下侗族传统村落的保护与文化传承研究"资助，项目批准号：19XMZ049。

刘秋美

2022 年春于贵阳

# 第1章 侗族概况

# 第2章 侗族民居建筑

# 第3章 侗族鼓楼

# 第4章 侗族风雨桥

# 第5章 侗族寨门、戏楼

# 第6章 侗族祭祀建筑

# 第7章 侗族村寨边缘的建筑

# 第 8 章 侗族的其他建筑

# 第 9 章 侗族建筑的营建

# 第1章

## 侗族概况

## 1.1 侗族分布

侗族是中国西南地区的一个少数民族❶，历史可以追溯到秦代百越民族，分布在我国西南地区，宋代逐步形成独立的民族❷。经历常年的迁徙演变，聚居地不断更新变化，现今相对集中分布在广西壮族自治区的三江侗族自治县、龙胜各族自治县、融水苗族自治县，贵州省的黔东南苗族侗族自治州、铜仁市，湖南省的通道侗族自治县、靖州苗族侗族自治县、新晃侗族自治县、会同县、芷江侗族自治县，湖北省恩施土家族苗族自治州等地❸，地理位置在东经108°～110°，北纬25°～31°之间。

依照2020年第七次全国人口普查统计资料，我国侗族人口3495993人（在我国少数民族人口排名为第十一位），其中贵州1650871人，是侗族人口最多的省份，占侗族总人口的47.22%；湖南省865518人，占侗族总人口的24.76%；广西壮族自治区362580人，占侗族总人口的10.37%；湖北省62725人，占侗族总人口的1.79%；散居全国其他省554299人，占侗族总人口的15.86%。❹。

---

❶ 黄智尚.广西三江县程阳侗落传统村落保护与发展研究[D].广州：广州大学，2017.

❷ 赵晓梅.黔东南六洞地区侗寨乡土聚落建筑空间文化表达研究[D].北京：清华大学，2012.

❸ 张育齐.贵州玉屏侗族传统村落的保护与文化传承初探[D].西安：西安建筑科技大学，2018.

❹ 国务院第七次全国人口普查领导小组办公室.《2020中国人口普查年鉴－上册》[M].北京：中国统计出版社，2021.

## 1.2　侗族区域的划分

经过多年迁移，侗族民居大多分散在崇山峻岭之间。专家学者们依照方言和建筑模式受到汉族文化的影响程度❶，将侗族区域进行划分。

### 1.2.1　方言区域的划分

侗族根据方言分为南、北两个方言区，锦屏县启蒙以南属于南侗方言区，包括了贵州省锦屏县西南部、贵州省的黎平、榕江、从江、镇远的报京，湖南省的靖州县和通道县，广西的三江、龙胜、融水、融安等县。启蒙以北属于北侗方言区，包括贵州的锦屏县北半部、三穗、剑河、天柱、岑巩、玉屏、铜仁、万山和湖南的靖州、会同、芷江、通道、绥宁，新晃，湖北的宜恩、恩施❷。相比较而言，南部方言地区基本保留了传统面貌，而北部方言地区受汉族影响较大，传统面貌保存至今的较少。

按传统南北侗族方言分别都划分 3 个土语区（如表 1-1）❸。

表1-1　侗族聚居地与族称变化

| 地区 | 语区 | 代表地区 |
|---|---|---|
| 南侗 | 第一土语 | 贵州锦屏西南部分、榕江，湖南靖州、通道，广西龙胜北部 |
| | 第二土语 | 贵州黎平、从江，广西三江 |
| | 第三土语 | 广西融水、融安 |
| 北侗 | 第一土语 | 贵州剑河、天柱、三穗、镇远，湖南会同 |
| | 第二土语 | 贵州玉屏、三穗北部，湖南新晃、芷江、会同北部 |
| | 第三土语 | 贵州锦屏东部与湖南靖州西部 |

#### 1.2.1.1　南、北方言区的差异

（1）组织结构的差异　侗族社会主要由大款、小款、村寨、家族（房族）和

---

❶　张育齐.贵州玉屏侗族传统村落的保护与文化传承初探 [D].西安：西安建筑科技大学，2018.

❷　孟晓婷.湘西南"北侗"与"南侗"居住建筑比较研究 [D].广州：广州大学，2018.

❸　龚敏.生成与转译——贵州侗族聚落和建筑文化研究 [D].北京：中央美术学院，2015.

家庭构筑而成。家庭是最小单位，父亲与儿子以"补拉"（音译）合称，父亲为家长。父系小家庭被引申为"家族"，或五代以内有血缘关系的"房族"，多的有二三十户，少的也有十几户。房族也称"斗"，是以父系血缘为纽带而联成的一种宗族（有时也可以通过一定的方式吸纳非血缘成员加入），一般都有一个共同的祖公。"斗"有公共的田产、墓地等，田产一般由房族各户轮流耕种，其收入为房族全体成员共有，用于修建鼓楼等公共事业。几个"斗"连居共处构成一个寨，形成聚"斗"共居的状态。

侗族"款"的社会组织结构由大款和小款构成，小款是相邻的几个村寨或数十个村寨的联盟，几个小款组成大款❶。

南侗方言区受到天然山体屏障的阻隔，受文化影响较小，较完整地延续保存原生态文化。北侗方言区的村寨现在没有大款、小款和斗，以家庭为基本单位，有些村寨以一个姓氏为主，较大的村寨里同时多姓❷。

（2）经济生产方式的差异　过去的侗族人民过着"日出而作，日落而息"的田园生活，"惟事农桑""不商不贾"。封闭的自然地理环境，山林提供建筑木材，交错纵横的河水溪流灌溉田园，平坝山谷的土地种植粮食。以种植水稻为主，以稻田养鱼、野外捕鱼、合理利用天然林业资源及人工药材的经营为辅。

北侗方言区与南侗方言区两个区域经济生产方式的不同在于木材的流通。南侗地区地理位置相对较偏远、交通不便利，与其他地区的经济交流较少。而北侗地区的清水江流域和潕阳河流域，是贵州与湖南两省运输主干通道，木材的流通增添了这个地区的经济活力，经商贸易使得贵州、湖南交界一带的侗族传统文化产生了变化，侗族村寨的面貌形态和建筑形式，相对于南侗地区而言也产生了巨大的改变❷。

（3）信仰的差异　南侗方言区信仰"萨岁"女神，至今还传承发展着"多耶""月也"等民族风俗。萨坛是南侗村寨特有的公共建筑，通常建立在村寨的核心地带，鼓楼的旁边，以便全寨村民聚集于此。

然而，北侗方言区没有萨坛，北侗人民对大自然尤为崇仰与敬畏，因此多见

---

❶ 郭桢. 侗族 [EB]. 国家民委网站.（2010-04-14）. https://www.neac.gov.cn/.

❷ 张育齐. 贵州玉屏侗族传统村落的保护与文化传承初探 [D]. 西安：西安建筑科技大学，2018.

飞山庙和土地庙 [1]。

#### 1.2.1.2 南、北方言区差异的原因

（1）不同自然水系的天然分隔　南侗方言区主要在珠江支流（都柳江、浔江）进行文化交流和经济往来，北侗方言区主要依靠是长江的支流（清水江、沅水、渠水）。两大水域长期处于各自独立，没有直接的联系，水上交通缺少往来，相互间的文化交流受到了阻碍，逐渐呈现不同的分支文化。

（2）周边不同民族的影响　北侗方言区是汉楚文化的交界边缘地带，与周围地区的汉族、苗族、瑶族等民族之间相互传播、融合、碰撞，侗族文化受到多文化影响。

南侗方言区周围多数是壮族、水族等民族，他们与侗族都同属于百越族系，他们的文化与侗族基本上相同。因此，南侗地区的文化思想受到其他民族文化的影响较小，比较完整地保持了侗族原始文化特点。

（3）交通　由于地理条件的影响，北侗方言区的交通运输、出行方面相对便利，本地区与外界交流、碰撞与联系较多。而南侗方言区的地理位置相对偏僻，交通运输、出行相对少，受其他民族文化干扰较少。

（4）汉文化不同程度的影响　北侗方言区在明朝时期发生战争，汉族的进入，影响了本地侗族人民的思想文化，当时当地侗族的原始"款"制逐渐被取代；1736 年前后开始，整个清水江流域的木材交易极其繁华，带动了整个区域内的经济贸易发展。在木材交易过程中，汉文化逐渐被各民族接受并使用，对北侗方言区的语言、风俗、建筑等均产生较大的影响。汉族文化的融入，使北侗区域的社会组织结构产生改变。例如，鼓楼在北侗村寨中很少存在。而南侗方言区很少受到汉文化的影响，由于地理环境相对封闭，村民自给自足，侗族传统文化得到了延续和保护。

（5）经济差异　清水江的流经线路为都匀、麻江、凯里、台江、剑河、锦屏、天柱，由天柱县进入湖南，湖南省的流经线路为会同县、新晃县及芷江县的部分地区，在湖南黔城与潕阳河汇合后称为沅江。清水江是联系贵州和湖南的重要水运通

---

[1]　张育齐. 贵州玉屏侗族传统村落的保护与文化传承初探 [D]. 西安：西安建筑科技大学，2018.

道，沿岸有着丰富木材资源。天柱县远口镇三门塘就是当时清水江边木材交易较为繁盛的码头。南侗地区交通不便，很少受到其他民族文化的影响，保持着封闭固定的生产生活模式。

### 1.2.2　侗族建筑文化区域的划分

基于侗族建筑类型、构造技术和聚居模式的考察，把整个侗族聚居区分为南、北两大建筑文化区域，即Ⅰ区和Ⅱ区，比方言分区分界线略往南移，南北两区域的建筑文化有着明显的差异 ❶。

## 1.3　侗族建筑概况

侗族地区地形以山地为主，溪河交错、流水潺潺，田坝夹杂、沟壑纵横，地形变化复杂。侗族村寨多依山傍水而建，规模大小不一，大寨多则千百户人家，小寨也有几十户。侗族村寨是多种侗族单体建筑的组合，是侗族传统建筑精髓和群居文化的重要组成部分，集中地展现了侗族建筑的特点和风格。高耸雄伟的鼓楼，鳞次栉比的民居木楼，威严的寨门，锃亮平整的石板巷子，横跨寨边河流两岸的风雨桥，以及葱郁矗立的保寨林，这些静态集聚的建筑景象，配衬动态的村民、牲畜、飞禽、鸟雀，在树林、河流、山川等自然景物的烘托下构成了典型的侗族村寨的生态美。

侗族建筑根据使用性质分为民居建筑和公共建筑，其中鼓楼是侗族村寨建筑群的中心，居民住宅、鼓楼坪、池堰、鱼塘以鼓楼为圆心逐层向外扩散。风雨桥又称花桥，是侗家"三大瑰宝"（鼓楼、侗歌、风雨桥）之一，侗族山区河流密布，侗族村寨都架有多座风雨桥，以满足侗民生活生产的交通需要。飞山庙、宗祠、萨坛、土地祠属于祭祀性建筑，为侗族公共区域。禾晾、粮仓建筑群多位于村寨的边缘地段，属于节省占地面积的立体化木结构，用于晾晒谷穗和储存粮食，以利于通风、防霉、防火、防鼠虫等。粮仓是一种精简的小型干栏式木楼，壁板是横嵌安装，而民居住宅的壁板是竖嵌安装，屋顶多为双坡分水楼顶，用小青瓦或杉木树皮覆盖。

---

❶ 张育齐.贵州玉屏侗族传统村落的保护与文化传承初探 [D]. 西安：西安建筑科技大学，2018.

侗族地区近年来新建、扩建和维修改造了很多公共性的建筑，表1-2列举了传统建筑的功能和使用性质等 **❶**。

表1-2 侗族各种建筑

| 建筑类型 | 使用功能 | 使用性质 | 使用频率 | 活动时间 |
|---|---|---|---|---|
| 鼓楼 | 议事、祭祀、休憩娱乐 | 公共 | 非常高 | 长 |
| 鼓楼坪 | 祭祀、休憩娱乐 | 公共 | 非常高 | 长 |
| 风雨桥 | 交通、休憩娱乐 | 公共 | 高 | 长 |
| 寨门 | 休憩娱乐 | 公共 | 高 | 短 |
| 戏楼 | 娱乐 | 公共 | 低 | 长 |
| 凉亭 | 休憩娱乐 | 公共 | 一般 | 短 |
| 斗牛场 | 娱乐 | 公共 | 低 | 短 |
| 萨坛 | 祭祀 | 公共 | 低 | 短 |
| 庙宇 | 祭祀 | 公共 | 低 | 短 |
| 宗祠 | 祭祀 | 公共 | 低 | 短 |
| 民居住宅 | 居住、生产活动 | 民居 | 非常高 | 长 |
| 粮仓（禾晾） | 生产活动 | 民居 | 一般 | 短 |

## 1.3.1 民居建筑

侗族民居建筑多为木质框架结构，具有实用、美观、隔热及高能源效率等特点。木柱与木梁构成房屋骨架，墙由木板构成 **❷**。根据组合形式分为穿斗式和抬梁式，侗族地区多雨潮湿，多数使用穿斗式木构架 **❸**，形制上以四榀三间，进深两间，悬山顶最普遍。

## 1.3.2 公共建筑

公共建筑包括鼓楼、鼓楼坪、萨坛、风雨桥、寨门、戏楼、飞山庙、宗祠、

---

**❶** 曹万平. 侗族民间美术研究 [D]. 哈尔滨：哈尔滨师范大学，2017.

**❷** 瞿然，董阮建. 广西三江侗族建筑在现代建筑中的传承发展研究 [J]. 课程教育研究，2017（13）：23.

**❸** 王月玖. 张家口地区传统民居建筑研究 [D]. 邯郸：河北工程大学，2010.

凉亭，以及池堰、鱼塘、古井、土地祠、保寨林等。侗族村寨的公共建筑，南侗地区与北侗地区有很大的差别，南侗地区村寨的公共建筑主要有鼓楼、寨门、风雨桥、萨坛、戏楼、凉亭、井亭等。北侗地区村寨公共建筑较少，经历长期的历史变化发展、文化交流，出现侗汉文化的融合状态，在与汉族相邻交界地区，或者汉族较多的侗族地区，建造有许多宗族象征的祠堂。近年来，随着社会的发展进步，增强了侗族同胞的保护传承意识，北侗地区部分村寨也相继建造公共建筑，如寺庙、鼓楼及风雨桥，建立侗民日常休憩、娱乐、旅游观赏的场所，并成为侗族村寨的标志性公共建筑。

# 1.4 侗族村寨的建筑布局

## 1.4.1 布局的种类

侗族村寨的传统建筑布局种类有团聚向心型和均质型。

### 1.4.1.1 团聚向心型

团聚向心型就是村寨民居建筑以公共建筑为中心，向周围分布建设，有两种模式。

模式一：干栏式民居 + 中心建筑（鼓楼、鼓楼坪、戏台与萨坛）+ 风雨桥 + 寨门，这种模式是侗族最传统、最具民族特色的建筑布局形式。鼓楼为村寨的中心，是村寨秩序的焦点❶，干栏式民居建筑围绕着鼓楼建设。

模式二：地面式民居 + 中心建筑（祠堂、庙宇与公田）。地面式民居以祠堂、庙宇为中心而建设。

村寨建筑布局具有向心性，形成同心圆的形制（图 1-1）。随着时间的推移，人口不断增多，有些村寨从原来的单个同心圆演变为多个同心圆的村寨聚居形态布局（图 1-2）。

### 1.4.1.2 均质型

村寨均质型的建筑布局主要以地面式民居建筑均质分布，基本上没有公共建

---

❶ 蔡凌. 侗族建筑遗产保护与发展研究 [M]. 北京：科学出版社，2018.

筑，村寨空间较单一。

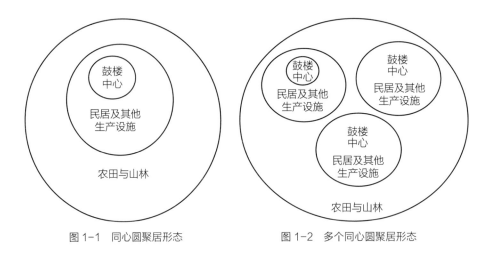

图 1-1  同心圆聚居形态        图 1-2  多个同心圆聚居形态

## 1.4.2  布局的分布

北侗建筑文化区（Ⅰ区）村寨的建筑布局以均质分布形态呈现为主，多数村寨没有公共性建筑。有部分村寨受汉文化影响，兴建祠堂、庙宇等公共建筑，形成村寨中心，即地面式住宅＋中心建筑（祠堂、庙宇）的团聚向心空间模式，如贵州境内清水江下游流域天柱县、锦屏县的部分村寨，以及湖南沅水、洪江流域的部分村寨。Ⅰ区存在点状的聚落为干栏式住宅、无鼓楼，如锦屏的九落地区和镇远的报京地区。

南侗建筑文化区（Ⅱ区）村寨的建筑布局主要以干栏式住宅＋中心建筑（鼓楼、鼓楼坪、戏台与萨坛）＋风雨桥＋寨门的形态为主，同时也有少数地区以地面式住宅为主，如黎平岩洞乡的竹坪村。民居建筑有以火塘或堂屋为核心空间，鼓楼有"中心柱型"和"非中心柱型"。

侗族建筑形式与功能

# 第2章

## 侗族民居建筑

侗族民居建筑以木楼为主，侗族木楼侗语称为"颜美"（音译），民居多数沿地形而建，少挖动土，少有设计图纸，遇斜坡稍加修整，遇水沟跨沟而过。因此侗寨民居鳞次栉比，高低错落。侗族民居多数采用杉木作为主体搭建，青瓦遮盖。随着时代变迁，如今对防火防潮要求越来越高，有些民居建筑也采用砖混结构。

## 2.1　民居建筑的种类

侗族民居建筑主要有干栏式民居和地面式民居两种类型。北部侗族聚居区主要是地面式民居住宅，公共建筑以家族祠堂为主。南部侗族聚居区主要是干栏式住宅，有各种功能的公共建筑，村寨多以鼓楼为中心的团聚型模式，村寨空间层次丰富❶。侗族地区属喀斯特与山地丘陵盆地错综地貌，气候温暖，侗族建筑较好地适应了当地特有的地理和气候环境。

### 2.1.1　干栏式民居

干栏式民居建筑一般有三层，人们居住活动面主要在二层以上，底层完全或部分架空，采用柱承重，"人楼居，梯而上"，居住者采用"地板上起居"，多用于山麓河谷地型村寨和山间高地型村寨。

#### 2.1.1.1　地基形式

侗族干栏式民居根据地基整理的需要，分为错层型（见图 2-1、图 2-2）和悬空型（见图 2-3、图 2-4）。民居建造之前，根据地面层利用方式、地基面积大小等因素进行地基场地整理。干栏式民居底层架空，二层为主要活动空间，对底层

---

❶　蔡凌.侗族建筑遗产保护与发展研究 [M].北京：科学出版社，2018.

使用空间要求不高，不需太多的地基平整，顺应原场地的地理环境，沿等高线趋势建造，减少开挖土方量，在场地受限等情况下，灵活设计民居布局与朝向 ❶。这种民居的布局方式提高了南侗村寨以鼓楼为核心的团聚型布局的可行性。

图 2-1　错层型干栏式民居实景图
（摄自黎平纪堂上寨）

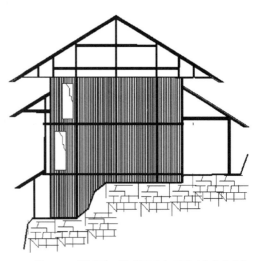

图 2-2　错层型干栏式民居立面图（作者自绘）

图 2-3　悬空型干栏式民居实景图
（摄自黎平堂安村）

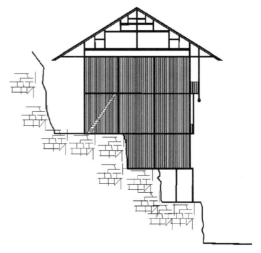

图 2-4　悬空型干栏式民居
立面图（作者自绘）

### 2.1.1.2　吊脚形式

　　干栏式民居建筑吊脚形式多样化，大小不等，高矮不一，可以分为高脚楼、

---

❶　孟晓婷. 湘西南"北侗"与"南侗"居住建筑比较研究 [D]. 广州：广州大学，2018.

吊脚楼、矮脚楼。

（1）高脚楼　高脚楼多修建为三、四层，一层不居住人，常用于堆放杂物农具，以及用于圈养家畜家禽，二层以上用于主人的生活起居，布设有堂屋、火塘、卧室等，见图2-5、图2-6。高脚楼是侗族最传统常见的干栏式建筑格局，在侗族地区适应性极强。

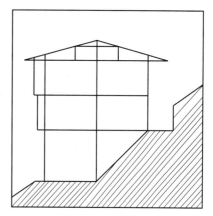

图2-5　纪堂上寨的高脚楼　　　　　　图2-6　纪堂上寨高脚楼的
（摄自黎平纪堂上寨）　　　　　　　　　剖面图（作者自绘）

（2）吊脚楼　吊脚楼是前部虚、后部实的楼体结构，为高脚楼变体形式，楼体的前部使用高脚支撑，后部采用矮脚，多建于坡度较大的斜坡上，随应地势而修，房屋地基一般由上、下两级或上、中、下三级构成，房屋前排竖柱的柱脚悬空，故称为"吊脚楼"，见图2-7、图2-8。

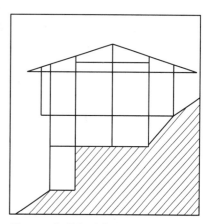

图2-7　丰登村的吊脚楼（摄自榕江丰登）　　图2-8　丰登村吊脚楼的剖面图（作者自绘）

（3）矮脚楼　矮脚楼一般修建成二层楼高，一层布设为火塘间、堂屋及卧室，二层布设成卧室或杂物间。矮脚楼的底层比较潮湿，距离地面设有300～700mm的高度，用于阻隔地面潮湿，也可布置为鸡鸭圈舍。常于房屋的两侧设置偏厦，另建厨房与畜圈，见图2-9、图2-10。矮脚楼更类似于地面式民居的结构。

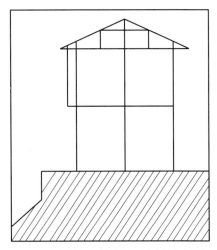

图2-9　宰荡村矮脚楼（摄自榕江宰荡）　　　图2-10　宰荡村矮脚楼的剖面图（作者自绘）

矮脚楼如果建于缓坡上，常取用石块填平地基再修建房屋，见图2-11、图2-12。

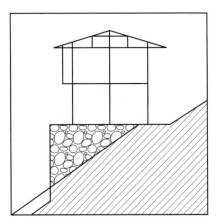

图2-11　丰登村填充式矮脚楼（摄自榕江丰登）　图2-12　丰登村填充式矮脚楼的剖面图（作者自绘）

### 2.1.2 地面式民居

地面式民居中，人们居住活动面主要在地面层，即下层多设置房间居住，二层房间住人或存放谷物等，多用于平坝型村寨。与干栏式民居的区别在于地面层作为主要居住面，生活起居一般在底层进行。

地面式民居的入口、生活空间在地面层，有较大占地面积，常采用挖土整理地基，土方量大、要求高（图2-13、图2-14）。为了减少挖方量，一般都顺应等高线的趋势建造。

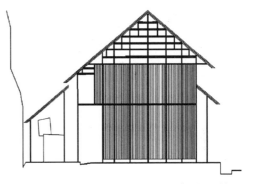

图2-13 挖土型地面式民居（摄自会同县木舟村）　　图2-14 挖土型地面式民居剖面图（作者自绘）

## 2.2 民居建筑的结构

### 2.2.1 建筑构件

侗族民居木楼建筑常用穿斗式木构架，主要由柱子、檩条（桁条）、穿枋、斗枋、地脚枋、楼枕、楼板等构件组成，通过榫卯结合技术连接而成的木构架体系，具有很好的抗震性能。柱子直接支撑屋顶上的檩条（桁条），柱子承受檩条（桁条）传递下来的荷载。穿枋穿过各柱子串联排柱，形成一榀构架，各榀构架间用"斗枋"连接，构成木构架整体，见图2-15、图2-16。

#### 2.2.1.1 柱

柱子为下大上小整棵原木树干，是木构架中主要的承重构件，将上部荷载传递至柱基，见图2-17、图2-18。南侗干栏式民居，柱的底部直径为180～300mm，脊柱（支撑屋脊檩条的最高柱子）底部直径约为

300mm。北侗地面式民居柱底直径为 170 ~ 240mm，脊柱底部直径一般为 240mm。南侗民居结构柱跨较北侗大，老民居的柱直径相对较大。为了防潮防水，柱子一般落在石头柱础上，瓜柱支撑檩条（桁条），控制水平方向的位移。

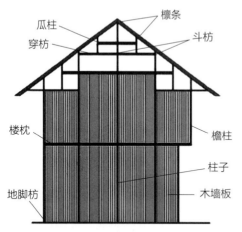

图 2-15　侗族民居木构架构件组成一（作者自绘）　图 2-16　侗族民居木构架构件组成二（作者自绘）

图 2-17　木构架的柱子和柱础（摄自从江牙现村）　图 2-18　加工好的柱子（摄自三江冠洞村）

#### 2.2.1.2　穿枋、斗枋

　　进深方向柱与柱靠"穿枋"用榫卯联结，"穿枋"的上部搁置瓜柱支撑檩条，横截面为矩形，根据所承托的瓜柱数量确定截面高度，高度常在160 ~ 240mm 之间，宽高比多采用（1：4）~（1：3）。两个屋架中间用截面尺寸稍小于"穿枋"的"斗枋"进行穿拉连接，构成稳固的空间结构体系（见图 2-16），"斗枋"的横截面尺寸为 50mm×100mm。檐口下面伸挑出来的"穿枋"，直接支撑出檐的挑檐檩，楼面下面的"穿枋"搁置楼枕支承楼板。屋架上的"穿枋"依照建房需求，直接搁置于楼枕上铺木板，然后在楼板平面上分隔布置开间，根据主人需要灵活布设房间，穿枋与斗枋把屋架连接成稳固的整体构架 ●。

### 2.2.1.3　檩条

侗族民居木楼的檩条一般用直径为 120 ~ 160mm 的圆形杉木加工制成，多数为简支檩。由于檩条两头的直径大小不等，常采用垫高与刨平等方法使首、尾两端齐平。檩条与柱顶是开榫口交接，多使用"燕尾榫"或"巴掌榫"。

### 2.2.1.4　楼枕

楼枕放置在"穿枋"上，将圆杉木加工成截面为矩形或圆形，长度稍长于一个开间，间距和檩条的水平距离相同，直径和高度大小与层间斗枋大小相同，楼枕与楼枕之间采用阴阳榫连接，楼板厚度约为 30mm ❷。

## 2.2.2　屋架结构

侗族民居木楼建筑大多数为穿斗式结构，由主承柱子直接支承檩条，瓜柱竖立于穿枋上，支撑承托檩条。穿枋横穿于柱子之间，将全部的柱子与瓜柱连接构成一座整体结构，以提高木架结构强度。

### 2.2.2.1　屋架的形式

干栏式民居常见的构架为"3 柱 6 瓜"或"5 柱 8 瓜"的形式（瓜指瓜柱），一般两落地柱之间有多根瓜柱，瓜柱承托上部檩条和屋面的重量，每榀屋架中柱间距在 2000 ~ 2700mm 之间，多为三层半或四层高。

地面式住宅以"5 柱 4 瓜"为主，柱距常在 1400 ~ 1800mm 之间，柱距较小，瓜柱也相对较少，多为两层半高。当进深扩大时，就要增加瓜柱的数量。根据建筑占地面积、木材大小和承受能力，确定屋架数量，即开间数量，排架有 4 排

● 孟晓婷.湘西南"北侗"与"南侗"居住建筑比较研究 [D].广州：广州大学，2018.
❷ 蔡凌.侗族聚居区的传统村落与建筑研究 [M].北京：中国建筑工业出版社，2007.

架 3 开间、5 排架 4 开间、6 排架 5 开间 ❶。

整个屋架柱身受力，"穿枋"也受力，"穿枋"既能竖向承载，又起作拉结作用。因此，采用粗大壮实的"穿枋"，减少落地柱，节省木材，有利于生态循环。

穿斗式屋架结构山墙面的对称布设，匀称且稳固，利于大批量建造以及建筑构件取材。屋架瓜柱的合理运用，减少了木材的使用数量，又充分利用了木材的横纹抗拉、抗剪切的力学特性。

对屋架的柱数和瓜柱数以及每榀屋架是否沿脊柱对称进行统计（见表 2-1）。

表2-1　侗族民居屋架的柱数、瓜柱数及每榀屋架是否沿脊柱对称的统计

| 民居类型 | 柱瓜数 | 山面结构图 | 对称 | 实图 |
|---|---|---|---|---|
| 干栏式民居 | 5柱4瓜 | | 沿脊柱对称 | |
| | 4柱9瓜 | | 脊柱不在中心 | |
| | 3柱6瓜 | | 沿脊柱对称 | |

---

❶　蔡凌. 侗族聚居区的传统村落与建筑研究 [M]. 北京：中国建筑工业出版社，2007.

| 民居类型 | 柱瓜数 | 山面结构图 | 对称 | 实图 |
|---|---|---|---|---|
| 干栏式民居 | 2柱5瓜 | | 脊柱不在中心 | |
| 地面式民居 | 5柱4瓜 | | 沿脊柱对称 | |
| | 7柱6瓜 | | 沿脊柱对称 | |

每榀屋架"穿枋"的数量依据民居的层数和高度确定，每榀屋架中轴常是承托脊檩的中柱，一般两侧对称建造，多数民居设置披檐与悬挑，最顶层的屋架通过一根贯穿整榀屋架的"穿枋"托起挑檐檩。

#### 2.2.2.2 屋架的设计

（1）民居建筑因地制宜利用宅基地，依山地地形沿等高线地势而建，有半楼居和楼居，根据使用功能确定房屋层高，底层高为 2.2 ～ 2.4m，二、三层高约 2.6m，阁楼约为 2m。

（2）承重的结构体系分工明确，但平面功能的空间划分却相对灵活，如卧室与储物间的分隔方式多种多样。

（3）木楼民居利用柱与穿枋、柱与柱、檩与檩的联结，以便日后能自由扩建、加建和改建。

（4）在屋架局部采用减柱，以获得更大的使用空间。

穿斗式结构的跨度小，使用空间小，扩大使用空间需要局部减柱，如图 2-19、图 2-20 所示，在干栏式民居中减去中柱与脊柱的一部分，三层部分空间增大。

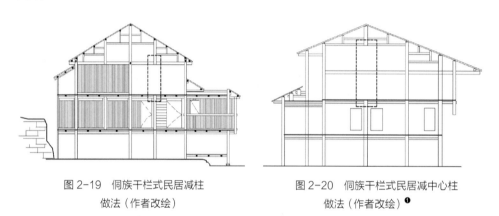

图 2-19　侗族干栏式民居减柱
做法（作者改绘）

图 2-20　侗族干栏式民居减中心柱
做法（作者改绘）❶

北侗民居建筑火铺间一般置于堂屋后面，有时为了扩大使用空间，减掉一楼火铺间位置的柱子❷，如图 2-21、图 2-22 所示。

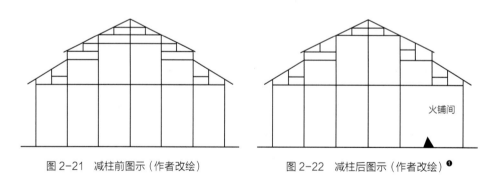

火铺间

图 2-21　减柱前图示（作者改绘）

图 2-22　减柱后图示（作者改绘）❶

### 2.2.2.3　屋架的建造

建造时采用"整体建竖"的方式，首先，在各根长柱上分别凿地脚孔、中榫

---

❶ 孟晓婷.湘西南"北侗"与"南侗"居住建筑比较研究.[D] 广州：广州大学，2018.

❷ 柳肃.湘西民居 [M].北京：中国建筑工业出版社，2008.

眼、上榫眼。其次，将穿枋穿连一榀柱子同时竖起。每榀屋架由三至五根柱子穿连起来，中间柱最高，靠近中间柱的两边柱稍矮，前后柱最矮。最后，用斗枋将数榀屋架穿连起来，形成整个主结构框架，见彩图 2-1。上榫眼与穿枋的连接处是天花板的位置；中榫眼处为楼板部位，而柱子底端的地脚孔装上穿枋或者圆杉木构成的地脚，用来嵌住楼板的下壁板，这样建造的住宅整体性很强，有极好的抗震性能，且施工便捷。屋架榀数可增可减，且每榀屋架也可按比例伸缩，进深、面阔和净高都可按需要调节。房屋建成后需要搬迁便可以整体拆装。

如果房屋的进深太大，需要增加檩条的间距、增大椽子的厚度，导致增多木材使用量。若既要满足大进深，又要减小檩条间距，唯有增多瓜柱的数量，减小瓜柱间的间距。房屋的建筑规模大小决定屋架数量，房屋建筑的高度与层数确定每"榀"屋架穿枋的数量，以满足层间和柱瓜联系的需要。柱与柱之间靠进深方向使用"穿枋"连接，"穿枋"上面再搁置瓜柱支承檩条。

穿斗式木构架最初始的制作方法是每根檩条下面都有一根落地柱支撑，依据建筑进深大小来确定柱子及穿枋的使用数量。如今穿斗屋架结构的技术逐渐成熟，柱子数量过多将减少建筑使用空间，因此，穿斗屋架结构由初始的所有柱子同时落地改为每隔一根柱子落地，既减少木材的使用，又满足方位结构的稳定性，用短的瓜柱骑架在穿枋上，形成单元排架为一柱一瓜的形制。

侗寨新建民居木屋架形式相较于传统的木屋架有很大的改进，不仅节省木材，又能够丰富建筑平面布局形式，增加建筑造型特点。

### 2.2.2.4 "倒金字塔"屋架

黎平县九潮镇高寅村至今仍保存完整有 600 年前建造的"倒金字塔"木楼古民居 8 栋，都为明朝年代遗留下来，已经居住 30 代人，位于高寅侗寨的中间位置，是高寅村的最高建筑。其中，3 层楼高 5 开间的有 2 栋，3 层楼高 4 开间的有 5 栋，4 层楼高 4 开间的有 1 栋（见彩图 2-2）。

这 8 栋古木楼民居建筑平面都为一字形的矩形平面（图 2-23、图 2-24）。

每栋古木楼民居建筑依照各自家族的人口数量来决定房屋的开间数量，古木楼民居建筑以前都有 7 家以上的住户，其中四层楼高的一栋曾经居住有 12 家。相较于其他侗族传统民居，"倒金字塔"式古木楼民居建筑有 140 ~ 200m$^2$ 的占地面积，如"四层楼"古木楼民居有 180m$^2$ 左右的占地面积 。"倒金字塔"式古木楼民居建筑一楼设有柱和墙，而且卫生间也布设于一楼，它开创了干栏式民居建筑把卫生间设置于建筑内部的先例。

图 2-23　古木楼一层平面图（作者改绘）

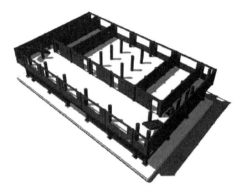
图 2-24　古木楼二层平面图（作者改绘）

　　古木楼民居都采用杉木修建，进深布设为 7 柱，柱间距约为 2m，柱和柱之间下部施加梁以承重，上部用穿枋穿柱连接，构成一榀榀的木构架。每一根立柱都是直径 0.4m 以上的巨柱，立柱最小的尾径（抵瓦柱头）也有 0.23m，都从底支撑到顶。每高一层都挑出 0.5 ～ 0.8m，即在一层悬挑出 0.4 ～ 0.7m 的梁上放置檐柱，通过榫卯连接固定，檐柱支撑二层出挑 0.8 ～ 1.4m 的梁架，如此反复，向上添加檐柱出挑。檐柱和檐柱之间用枋穿插连接，并且檐柱之间又将全高或半高的杉木板采用龙凤榫的方式进行板缝拼接，以浅口槽的形式加固木板，最终构成稳固的像"倒金字塔"一样的独特木楼民居建筑（图 2-25）[1]。

　　房屋两侧设有偏厦，作为上下楼梯的使用空间。古木楼民居楼板长约 4m，板厚约为 40mm，4 层总楼板约有 1333m$^2$。枋子宽度约为 270mm，厚约为 75mm。每一层都比下层宽，当地木匠叫"加儿"，是为了防盗和防雨，也寓意子孙发达和一代比一代强。外墙板壁都为两层套装，里面安装横板，外面安装半边柱子厚的直板，即为碉堡式的夹板壁，保温隔热，利于防盗，六百年来这些老木楼从未发生过火灾。"倒金字塔"式古木屋建筑材料建筑精湛，以杉木榫卯连接，中柱、二柱上下一样粗，层层向上支撑。结构稳固，透气通风好，六百多年来不倾、不朽。木墙都用雕木拼装，精致珑玲，增添了木楼的外观美感，充分展示了侗族人的

---

❶　梅羽辰 . 浅谈侗族"倒金字塔"式传统民居的价值与保护发展：以贵州黎平高寅侗寨古木屋为例 [J]. 建筑与文化，2019，9：259-256.

侗族建筑形式与功能

智慧和建筑的独特风格。

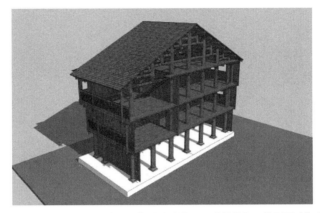

图 2-25　黎平县高寅村"倒金字塔"式古木楼民居建筑的断面模型图（作者改绘）

### 2.2.2.5　不对称屋架

有少数地面式民居屋架不按脊柱两侧对称建造，屋前檐口高于屋后檐口，见图 2-26、图 2-27。

瓜柱　檩条
穿枋　斗枋
楼枕
地脚枋　柱子
木墙板

图 2-26　前后不对称的屋架实图（摄于新晃道丁村）　图 2-27　前后不对称的屋架剖面图（作者自绘）

有的民居在局部减些排架，有的民居在局部将柱改成瓜，建筑结构根据功能需要而灵活改变。由于地面式民居的主要居住活动面是地面层，卧室主要布设于底层，二层多为储藏空间，这样增大了进深方向的空间需求，房屋前面对采光和装饰要求高，因此，多在屋面的后部增加长度，延长至仅能满足一楼居住的高度❶。

---

❶ 谢莎．三江侗族传统聚落及民居的演变研究 [D]．南宁：广西大学，2016．

### 2.2.2.6 屋架的变化

经过长时间的发展，标准的侗族屋架形式已经变得不能适应各种需求，现今，在木材日渐短缺和建筑技艺大幅提高的背景下，侗族人民将其发展、改造成丰富多样的构架形式，主要有以下几点变化。

（1）开始出现新的屋架组合结构形式，如砖混与木构结合（见图 2-28、图 2-29），框架与木构；

 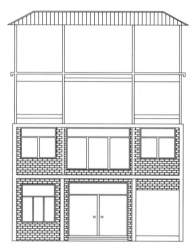

图 2-28 砖混与木构结合实图（摄于从江美德村）　　图 2-29 砖混与木构结合立面图（作者自绘）

（2）建筑层数基本不变，建筑高度逐渐变高，最高达到 11m，建筑进深逐渐加大，最深将近 12m；

（3）檩条间距变小，瓜柱数量增多，偶有不设金柱的情况；

（4）不再讲究对称的屋架布局，柱间距随着建筑使用空间需求而加大或减小。

## 2.3　民居建筑的平面布局

### 2.3.1　干栏式民居建筑的平面布局

侗族干栏式民居一般为开门见山、方正平实、明堂会客、暗房私用的平面构成形式。屋顶盖青瓦，遮阳挡雨，冬暖夏凉。一般面阔三间，进深两间，楼高

10m 左右，一般楼层有三层，部分二、三楼以挑檐防雨，材料充足可做四层、五层，也有两层的，木楼两边搭有偏厦。

南侗以前一楼多关牲畜，禽畜圈栏不封死以透气，二楼作厨房和起居室，三楼为仓。近年来，农耕改用小型机械，很少圈养牛马，圈舍越来越少，或畜圈另立，极少数一楼关牲畜家禽。木房楼上烧火不安全，现在火塘多挪至一楼。中间层为"住层"，即卧室、堂屋和日常生活的主要空间，卧室房间均为方正格局，便于空间的利用和家具的摆放，顶棚为"楼层"。例如通道县坪坦村（见图 2-30 ~图 2-33）和从江县付中村（见彩图 2-3）和黎平县纪堂村（见彩图 2-4）干栏式民居木结构建筑。

侗族民居以一个核心家庭为一个单元，在村寨中独立布置。建筑平面通常是三大间、两小间、三柱、五柱的平面形式。三个开间间距尺寸，控制在一丈（3.33m）左右。进深方向，屋前的檐柱与金柱之间形成通面宽的前廊。明间的廊

图 2-30　侗族干栏式传统民居的实图
（摄于通道坪坦村）

图 2-31　侗族干栏式传统民居的正立面
（作者改绘）

图 2-32　通道坪坦村传统民居侧立面（作者改绘）

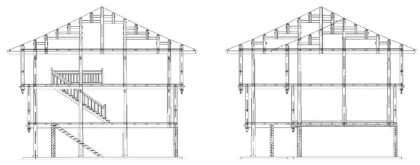

图 2-33　通道坪坦村传统民居剖面（资料来自通道县建设局，作者改绘）

又多一个进深，直到中柱，形成"凹"形的厅，类似于汉族住宅中的"堂屋"，有祭祀祖先的神位，是家庭的半开放公共空间。火塘间设置于"堂屋"相邻的房间内。入户的楼梯位于建筑的侧面，独立成一个小的开间，四尺（1.4m）左右（侗族的木匠以尺为计量单位），上三楼卧室的楼梯则位于住宅的另一端。侗族居民有门户不掩的习惯，进入三楼的卧室需要通过半公共空间"前廊"方可到达。

侗族干栏式民居按照二层居住面的空间序列和平面各构成要素的位置，大致有以下三种平面类型❶。

### 2.3.1.1　前廊直入型

前廊能进入各个房间，空间上可划分为前后两个部分，前堂后室，屋前部分为待客起居空间，屋后部分为家人寝卧空间（见图 2-34）。

### 2.3.1.2　前廊火塘型

前廊进入火塘间后，进入堂屋，而后进入各个卧室。火塘间是家庭中最重要的起居空间，与前廊保持了固定的轴线关系（见图 2-35）。

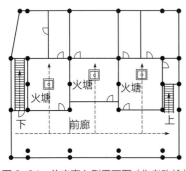

图 2-34　前廊直入型平面图（作者改绘）

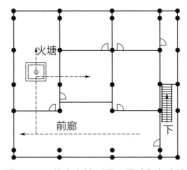

图 2-35　前廊火塘型平面图（作者改绘）❶

---

❶　蔡凌. 侗族建筑遗产保护与发展研究 [M]. 北京：科学出版社，2018.

### 2.3.1.3 前廊堂屋型

从前廊到堂屋，房间的出入通过堂屋来组织，堂屋处的轴线发生了转折（见图2-36、图2-37）。

这是干栏式民居最常见、最普遍的类型，两侧是寝卧布局，中间堂屋是起居空间。一般在堂屋中轴线上的北部墙面布置神龛，神龛前面摆放方桌，方桌前的一片空间，供人们祭祀时跪拜祖先使用，堂屋的陈设与汉族住宅厅堂相似。

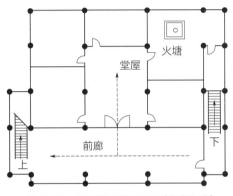

图2-36　前廊堂屋型平面图（作者自绘）

图2-37　前廊堂屋型实图（作者摄于黎平纪堂）

## 2.3.2 地面式民居建筑的平面布局

地面式民居多数面阔三间，进深两间，两层楼，前方没有前厦或有前厦，一楼中部明间为中堂（堂屋），用于家宴，中堂前面金柱间置大门，上部开窗。中堂门前留有门厅（图2-38 ~图2-41）。

图2-38　没有前厦地面式民居实图

（摄于天柱木杉）

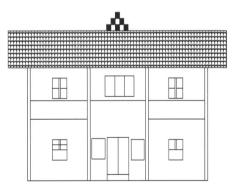

图2-39　没有前厦地面式民居立面图

（作者自绘）

 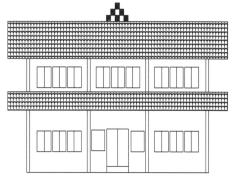

图 2-40　有前厦地面式民居实图　　　　　图 2-41　有前厦地面式民居
（摄于黎平高近村）　　　　　　　　　立面图（作者自绘）

　　中堂正对大门一面设神龛，神龛前置椅子两张，椅前置八仙桌，桌周围置两人板凳。宴会时神龛前椅子是上座，给贵宾坐。北侗地区一般楼下住人，神龛后一间常是老人住，左右四间，一间作厨房，其余作卧室。楼上前面左右两间作卧室，次间作仓房，其余空出便于临时晾放收获的作物（图 2-42、图 2-43）。牲畜圈栏一般在房子周边择地另立，一般在正屋左右或后面搭偏厦，用作杂物间、厨房、禽圈等。孩子多的家庭在房屋两头增榀加建，这种民居盛行于新晃、天柱、会同等北侗地区。

图 2-42　地面式民居一楼的中堂　　　　图 2-43　地面式民居二楼晾放谷物空间
（摄于天柱木杉）　　　　　　　　　（摄于榕江高扳村）

　　有部分北侗地区的民居只有一层楼，且不做前厦和披檐，见图 2-44 ～

图 2-47。

图 2-44　一层楼地面式民居的实图
（摄于锦屏县隆里）

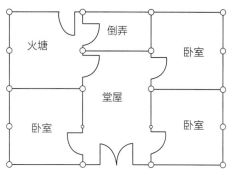

图 2-45　一层楼地面式民居的平面图
（作者自绘）

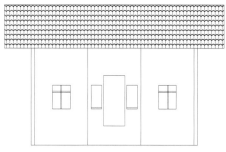

图 2-46　一层楼地面式民居的正立面图（作者自绘）

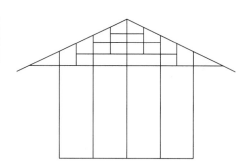

图 2-47　一层楼地面式民居的侧立面图（作者自绘）

　　地面式民居的布局灵活，因地制宜依山就势而建，主要的平面类型有"一明两暗"型、L 型、三合型和四合型，见图 2-48～图 2-53。

图 2-48　三开间地面式民居实景照片（摄于天柱木杉）

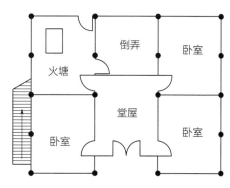

图 2-49　三开间地面式民居平面图（作者自绘）

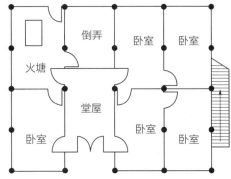

图 2-50　四开间地面式民居实景照片（摄于天柱木杉）　图 2-51　四开间地面式民居平面图（作者自绘）

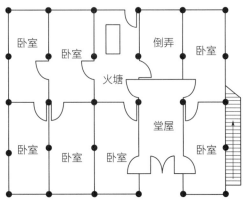

图 2-52　五开间地面式民居实景照片（摄于天柱丰堡）　图 2-53　五开间地面式民居平面图（作者自绘）

#### 2.3.2.1　"一明两暗"型

　　"一明两暗"型地面式民居多数为三开间，堂屋居中，两侧为寝卧空间（见图 2-48、图 2-49）。人丁增加时，在横向上向左右延长开间数，由三开间增加至最多五开间（见图 2-50 ～图 2-53），或由两个三开间单元横向连接，形成六开间房屋，或纵向上也可由三开间单元并列布置，形成多进的房屋。

#### 2.3.2.2　L 型

　　L 型地面式民居多以三开间或四开间为正房，"一明两暗" 正房的左侧或右侧配以附属的厢房，构成 L 型平面民居（见图 2-54、图 2-55）。

#### 2.3.2.3　三合型

　　正房三间到五间，"一明两暗" 的三间正房前面的两侧配以附属的厢房，大部分在正房对面设门罩，形成三合天井住宅。有的是在正房左右加建纵向线型排列的厢房，同样围合成三合型庭院（如图 2-56、图 2-57）。

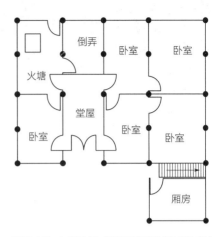

图 2-54  L 型地面式民居实景照片（摄于松桃大湾村）　　图 2-55  L 型地面式民居平面图（作者自绘）

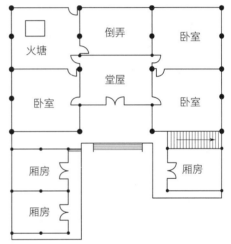

图 2-56  三合型地面式民居实景照片（摄于榕江大利村）　　图 2-57  三合型地面式民居平面图（作者自绘）

### 2.3.2.4　四合型

　　四合型（如图 2-58、图 2-59）以"一明两暗"为正房，对隔天井建三间下房，正房前部两侧各建一到两间厢房连接上、下房，形成一个封闭的"口"字形，天井居中，上、下房的二层通过厢房可以连通。

图2-58 四合型地面式民居实景照片（摄于松桃大湾村）

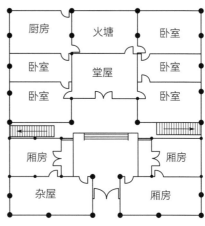

图2-59 四合型地面式民居平面布局

## 2.4 民居建筑空间构成及其功能

侗族民居的空间构成，根据功能、用途划分为礼仪空间、生活空间、辅助空间和交通空间四类。

将干栏式民居和地面式民居建筑各种构成要素进行比较，总结如表2-2。

表2-2 侗族民居构成要素比较

| 民居类型 | 入口方位 | 居住面 | 构成要素 | | | | 卧室与堂屋的高差 |
| --- | --- | --- | --- | --- | --- | --- | --- |
| | | | 礼仪空间 | 生活空间 | 交通空间 | 辅助空间 | |
| 干栏式民居 | 山面底层 | 木地板 | 火塘、堂屋 | 卧室、前廊 | 室内楼梯、山墙楼梯 | 底层或楼上 | 无 |
| 地面式民居 | 正面 | 木/素土/水泥 | 堂屋 | 卧室、火塘 | 倒弄楼梯、山墙楼梯 | 正房外或楼上 | 300mm |

## 2.4.1 干栏式民居的空间构成及功能

### 2.4.1.1 礼仪空间

在侗区，火塘和堂屋是两个起居中心，一个火塘代表一个家庭单元。火塘是家庭聚会、交流乃至家庭祭祀的重要场所，有炊事、取暖的功能。侗民注重火塘文化，是伴随民族、部落长期发展形成的自然崇拜、祖先崇拜而来。随着生活习俗的改变，厨房从火塘间独立出去，增建了新的厨房。堂屋是侗族的起居空间，设置神龛与祖宗神位[1]，也是拜祭、婚丧、祝寿、教化子女的重地，是半开放的，由前廊向内凹进一到两个进深，形成与前廊贯通的三面围合的空间[2]，见图 2-60 ～图 2-63。

#### 2.4.1.2 生活空间

干栏式民居生活空间主要是廊道和卧室。廊道是进入二楼的第一个空间（见图 2-64、图 2-65），进深在 1000 ～ 2200mm 之间，是手工劳作和休息的前导空间，室外的一侧设置栏杆和供休息聊天的座凳，空间围合且通透。开放性的前廊是侗族干栏式民居的一大特色，至今侗民仍然保持不掩户的淳朴民风。

卧室（见图 2-66、图 2-67）是私密空间，以小隔间为主，大部分卧室均设在二层，处于较安静的区域，无明确的等级划分，阁楼常由未出嫁的女儿居住。

#### 2.4.1.3 交通空间

楼梯是干栏式民居主要的交通空间，具有连接上下楼层、防火疏散的功能，要求具备足够的通行容纳量、防滑性、防火性，并且安全坚固。入口多在偏厦的山面（见图 2-68），木梯在梁侧凿槽嵌入梯板，坡度平缓，登楼进入前廊。在山墙楼梯间上方加设披檐，以遮蔽入口和保护山墙面，俗称"偏厦"。

图 2-60 干栏式民居火塘（摄自黎平经堂上寨）

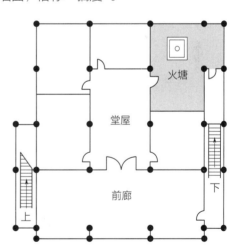

图 2-61 干栏式民居火塘平面布局（作者自绘）

❶ 陈一凡. 侗寨传统建筑装饰图像研究 [D]. 上海：东华大学，2013.

❷ 蔡凌. 侗族聚居区的传统村落与建筑研究 [M]. 北京：中国建筑工业出版社，2007.

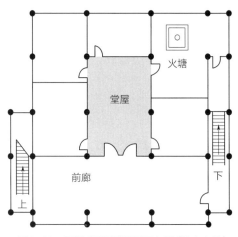

图 2-62　干栏式民居堂屋实景照片（摄于榕江大利）　图 2-63　干栏式民居堂屋平面布局（作者自绘）

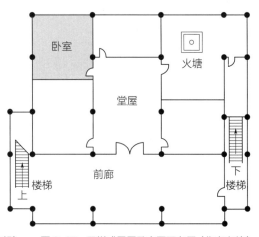

图 2-64　干栏式民居前廊实景照片（摄自榕江高赧）　图 2-65　干栏式民居前廊平面布局（作者自绘）

图 2-66　干栏式民居卧室实景照片（摄自榕江高赧）　图 2-67　干栏式民居卧室平面布局（作者自绘）

图 2-68　干栏式民居楼梯实景照片（摄自黎平堂安）

### 2.4.1.4　辅助空间

辅助空间包括厨房、厕所、储藏室、谷仓及牲圈等。以前，底层常作为堆放农具的杂物间、牲畜棚及厕所。红薯、土豆、玉米及日常生活的粮食一般堆放在二楼以上的楼居或阁楼。谷仓由村寨统一设置在近水处、防火地带。没有独立的厨房时，火塘间就充当厨房，一家人围着火炉而食。近年来，为了改善人居环境及防火，实施"改厨、改厕、改圈"工程，厨房成为单独的功能空间，新宅设置厨房，旧宅增建厨房（见图 2-69、图 2-70），导致火塘逐渐消失。

图 2-69　改造后干栏式房屋底层
（摄自榕江高报）

图 2-70　改造后干栏式房屋底层的厨房
（摄自榕江大利）

## 2.4.2　地面式民居的空间构成及功能

地面式民居的空间构成同样可分为四类：礼仪空间（堂屋）、生活空间（卧室和火塘间）、交通空间（楼梯）及辅助空间（厕所、牲畜棚和储藏间），地面式民居堂屋、火塘间都在一楼，二楼前部为卧室，后部是谷仓和收藏间。

### 2.4.2.1　礼仪空间

北侗的地面式民居中，礼仪空间主要是堂屋。不同于干栏式民居的是堂屋为核心空间，每家每户都布设堂屋，并且在堂屋后壁正中间位置布设神龛，是主人祭祀、婚丧嫁娶和待客的重要场所（图2-71、图2-72）。

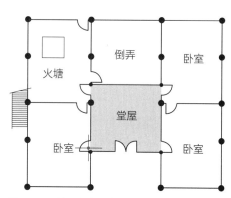

图2-71　地面式房屋堂屋实景照片（摄自天柱木杉）　图2-72　地面式房屋堂屋平面布局（作者自绘）

堂屋正中设方桌，桌子两侧摆"太师椅"或长凳。整栋房屋最大的开间是堂屋，堂屋左右的房间呈对称布局，且开间尺寸相等，这体现了汉族文化中"居中为尊"的思想。

### 2.4.2.2　生活空间

地面式民居的生活空间主要指火塘间和卧室。

火塘间布置在堂屋正壁里间或内侧，中间一般是正方形"火铺"（即火炉铺）。火铺四周用薄的长条石块或砖头围砌防火，多用质地坚硬抗磨的板栗树做架子，用厚实平整木板铺地板，火铺内正中间放三脚铁撑，见图2-73、图2-74。火塘可烤火煮食，温茶热酒、待宾接客、议事集会。上方悬挂有长方形木架子，便于在架子上置放食物或悬挂肉品，利用火塘中烧柴的烟火进行烘烤和烟熏。火塘代表侗族稻作文化的饮食方式，塘火四季不灭，寓意"业兴家盛"。直到如今，火塘间依旧是侗家人的核心生活空间，但其位置布设和构造形式在发生改变，意味着侗族人民的生活方式向现代化发展变化，侗族生活方式背后民族性也在发展变化。

卧室多布设在"正屋"一楼的堂屋两边和二楼前面，有些布设在厢房的一楼和二楼。"正屋"一楼的卧室一般对称布置，开间尺寸相等（见图2-75、图2-76），且遵循长幼有序的礼制理念，长辈居住堂屋左边卧室，晚辈常住楼上卧室。分家的时候，常是长子住老屋。由于有"檩木横腰，多生疾病"的摆床禁忌，所以卧室内部的铺床摆设方位有讲究，一般要平行檩条方向顺着摆放❶。

图2-73　道丁村地面式民居火塘一
（摄自新晃道丁）

图2-74　玉屏地面式民居火铺二
（摄自玉屏侗乡风情园）

图2-75　木杉村地面式民居
（摄自天柱木杉村）

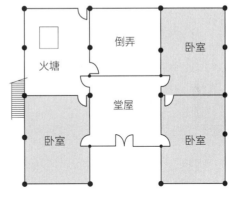

图2-76　木杉村地面式民居卧室布置图
（作者自绘）

### 2.4.2.3　交通空间

楼梯是室外或内院通向二层的通道，有两种布设形式：第一种，把楼梯架立在一侧山墙面或房屋后面，不需占用一楼地面层的任何空间；第二种，是把楼梯架立

---

❶　张育齐.贵州玉屏侗族传统村落的保护与文化传承初探[D].西安：西安建筑科技大学，2018.

在堂屋后面的"倒弄"间，或是架立在与火塘一侧的杂物间或厨房内，在二楼地板开一个洞，将直梯搭于洞口上面，形成独特的上楼形式（见图2-77～图2-82）。

图2-77　楼梯布置于山墙面实图（摄自榕江干烈村）

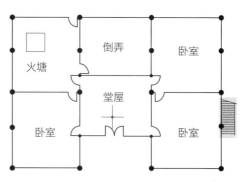

图2-78　楼梯布置于山墙面的平面图（作者自绘）

图2-79　楼梯布置于房屋背后实图
（摄自榕江宰荡村）

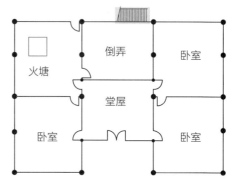

图2-80　楼梯布置于房屋背后的
平面图（作者自绘）

图2-81　楼梯布置于房屋倒弄
（摄自榕江干烈村）

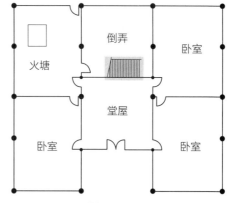

图2-82　楼梯布置于房屋倒弄的
平面图（作者自绘）

#### 2.4.2.4 辅助空间

地面式民居木楼建筑的卫生间、畜圈、灶房、储物间等辅助空间，常布设于一楼的两侧，仓储空间主要位于二楼或屋前。烹煮喂养牲畜的饲料主要在正屋房外的炉灶进行，烹饪一家人食物主要在火塘间的厨房进行。干栏式民居住宅人们日常生活的主要内容，主要发生在一栋住宅建筑的各个竖向楼地面，而地面式住宅的人们生活的内容在平面上展开（见图2-83、图2-84）。

图2-83　地面式房屋辅助空间（摄自天柱木杉）　　图2-84　地面式房屋辅助空间布置图（作者自绘）

## 2.5　民居建筑的细部

侗族民居木楼建筑的细部主要包括地面、屋顶、墙板、门、窗（见图2-85、图2-86）、栏杆、吊脚和吊柱等部位及局部雕花等。

图2-85　地面式民居建筑的模型（作者自绘）

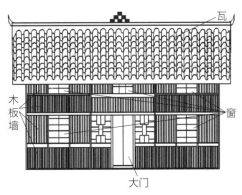

图2-86　地面式民居建筑细部（作者自绘）

## 2.5.1　地面

　　干栏式民居由古老的巢居演化而来，地面层架空，由于底层地面潮湿、阴凉，二楼以木楼板作为日常生活面，改善人们居住生活的物理条件。地面式民居，日常生活居住地面化，为了防止潮湿，提高地面居住的舒适度，改善居住环境，反映民居住宅的民族性，两侧寝卧多采用木质地板地面（图 2-87），比堂屋高300mm 左右，堂屋受汉族文化影响，以前多采用素土地面，现在都使用水泥地面（见图 2-88）。

图 2-87　民居的木板地面照片（摄于榕江高掓）　　图 2-88　民居的水泥地面照片（摄于黎平堂安）

　　部分民居的天井或者院落均铺有大块的青石板，雨水可沿石板间的缝隙渗漏下去，保持地面的干爽 ❶（见彩图 2-5、图 2-6）。

## 2.5.2　屋顶

　　屋顶能遮风避雨、抵御自然恶劣气候，是形式多样、细节繁杂的主要装饰部位，侗族地区潮湿多雨，传统建筑多采用坡屋顶，利于排水 ❷。常见屋顶形式有悬山屋顶、歇山屋顶、庑殿屋顶和攒尖屋顶。

### 2.5.2.1　悬山屋顶

　　悬山屋顶有一根正脊和四根垂脊，屋面的两端悬挑出山墙之外，形成屋檐，以便遮阳避雨，也称五脊二坡式屋顶，是侗族传统民居建筑普遍使用的屋顶形式，

---

　　❶ 孟晓婷. 湘西南"北侗"与"南侗"居住建筑比较研究 [D]. 广州：广州大学，2018.

　　❷ 张睿智，毛矛，康齐宇. 中国传统建筑案例分析：村落建设风貌 [M]. 北京：北京大学出版社，2017.

如图 2-89、图 2-90 所示。

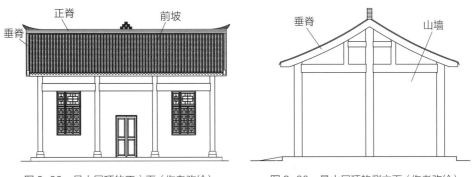

图 2-89　悬山屋顶的正立面（作者改绘）　　　　图 2-90　悬山屋顶的侧立面（作者改绘）

侗族民居悬山屋顶的屋面一般有两种形式。

（1）无举折的直线屋面　无举折的直线屋面坡度常为五分水，即脊柱与檐柱的高差是脊柱到檐柱水平距离的二分之一，檩条间的高差相等。由于受到地理位置、经济状况以及交通不便的制约，侗族人的生活都节俭朴素，大部分民居建筑都是采用悬山式屋顶，呈"人"字形，屋面不作举折，坡度为 5 分水，在檩条上钉椽皮，屋顶上盖青瓦片，以简洁实用的样式和结构为特征。

部分民居在悬山顶的山墙两侧各加上披檐，使之成为貌似歇山顶的形状，能节省房间内部的空间，或为重檐悬山顶❶（见彩图 2-7、图 2-8）。伸在山墙外的屋檐用来防雨，檐是屋顶伸出建筑的部分，可以供行人在屋角躲雨。

重檐的制作方法有两种：第一，将二楼的"穿枋"悬挑出支承瓜柱，瓜柱上再布设挑檐枋支撑挑檐檩并与檐柱拉结。第二，把悬挑出来的"前廊"柱与支承重檐的瓜柱合二为一，设置挑檐枋出檐，如图 2-91、图 2-92。设置重檐，利于保护民居建筑，利用"前廊"的宽敞空间，布设出室内舒适的环境，创造了民居木楼建筑丰富多样的外观造型。

挑檐是将屋面（楼面）挑出外墙，利于遮阳避雨和排水，保护外墙不受雨水浸湿。侗族地区多雨，挑檐挑出宽度较大，挑出的宽度一般为 600 ~ 1000mm。二、三楼挑檐挑出前、后走廊，增加晾晒和家庭起居使用空间（见图 2-93、

---

❶　孟晓婷 . 湘西南"北侗"与"南侗"居住建筑比较研究 [D]. 广州：广州大学，2018.

图 2-94）。大多数二层挑出宽度小于三层挑的宽度，即三层遮盖二层（见图 2-95、图 2-96）。也有少数民居二层挑出较大距离，三层往里收缩（图 2-97、图 2-98）。

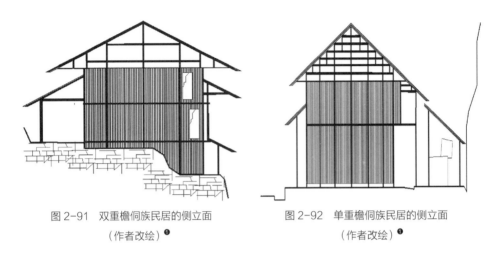

图 2-91　双重檐侗族民居的侧立面　　　　图 2-92　单重檐侗族民居的侧立面
（作者改绘）❶　　　　　　　　　　　　（作者改绘）❶

为了将厨房从正屋向外扩出，用披檐遮盖厨房，即从民居木楼建筑的正屋两侧向外延伸出去的空间，称为"偏厦"，将厨房和火塘间分离，更加明确生活居住功能分区，在民居建筑两山墙增加了人们的活动空间，如图 2-99 ~ 图 2-102 所示。

（2）有举折的屋面　两坡屋顶均为平缓的曲线，屋脊的两端略微抬高。坡度不是定值，一般檐部为四分水，连接屋脊时为五分水或者六分水，越靠近屋脊越陡，檩条间的高差不等，随着屋面的平缓而变小❶，如图 2-103。

图 2-93　侗族民居披檐（摄自通道黄都村）　　图 2-94　通道黄都村民居披檐的正立面图（作者自绘）

---

❶　孟晓婷 . 湘西南"北侗"与"南侗"居住建筑比较研究 [D]. 广州：广州大学，2018.

图 2-95　黄岗村民居的挑檐（摄自黎平黄岗村）

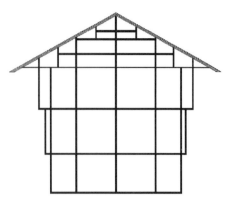
图 2-96　黄岗村民居侧立面框架图（作者自绘）

图 2-97　四寨村民居挑檐（摄自黎平四寨村）

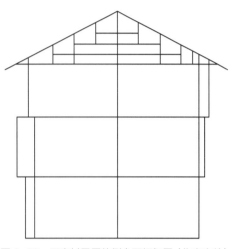
图 2-98　四寨村民居的侧立面框架图（作者自绘）

图 2-99　丰登村民居偏厦（摄自榕江丰登村）

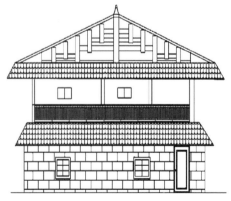
图 2-100　丰登村民居偏厦的侧立面图（作者自绘）

图 2-101　美德村民居偏厦实图
（摄自从江美德村）

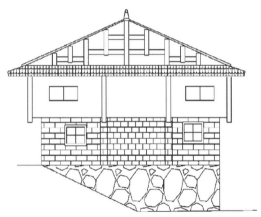

图 2-102　美德村民居偏厦的侧
立面图（作者自绘）

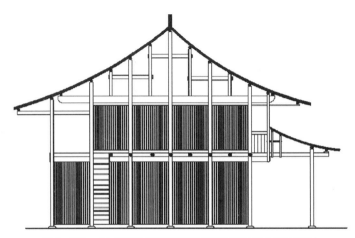

图 2-103　会同高椅村杨益芳民居有举折的屋面（作者自绘）

#### 2.5.2.2　歇山顶

歇山顶又叫九脊四坡式歇山顶，有一条正脊，四条垂脊，四条戗脊，将屋顶分为四个屋面，两山有山花与博脊，还称九脊殿。

侗族民居墙面的披檐与悬山主体屋顶的连接处采取了一定的构造处理，自然过渡，就形成了歇山屋顶的形式（图 2-104 ～图 2-111）。

#### 2.5.2.3　庑殿顶

庑殿顶由顶部的一根正脊（平脊）、四根垂脊（斜脊）和四个倾斜的屋面构成，即五脊四坡式。屋檐上翘，屋面略曲造型。侗寨有许多民居建筑屋顶使用庑殿屋顶，见图 2-112 ～图 2-115。

图 2-104　林洞村歇山顶民居（摄自三江林洞）

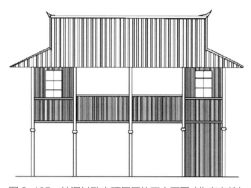

图 2-105　林洞村歇山顶民居的正立面图（作者自绘）

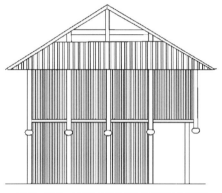

图 2-106　林洞村歇山顶民居的侧立面图
（作者自绘）

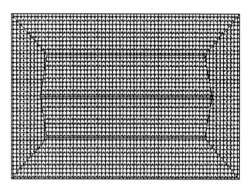

图 2-107　林洞村歇山顶民居的屋顶平面图
（作者自绘）

图 2-108　付中村歇山顶的民居
（摄自从江付中）

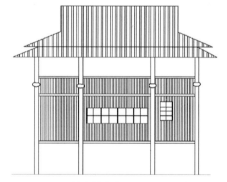

图 2-109　付中村歇山顶的民居的正立面图
（作者自绘）

### 2.5.2.4　悬山顶与攒尖屋顶的组合

　　攒尖屋顶是以方形、正多边形向上汇聚成锥形的中心对称式屋顶，没有正脊，只有垂脊，垂脊的多少根据实际建筑需要而定，侗族村寨多见四角攒尖屋顶、六角攒尖屋顶、八角攒尖屋顶等。侗族村寨有部分民居采用了悬山顶与攒尖屋顶的组合（见彩图 2-9、彩图 2-10）。

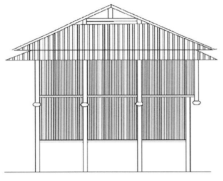

图 2-110　付中村歇山顶民居的侧立面图（作者自绘）

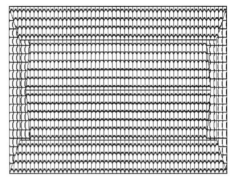

图 2-111　付中村歇山顶民居的屋顶平面图（作者自绘）

图 2-112　青寨庑殿顶的民居（摄自黎平青寨）

图 2-113　青寨庑殿顶民居的侧立面图（作者自绘）

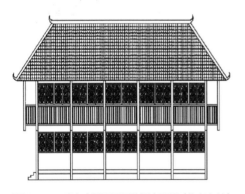

图 2-114　青寨庑殿顶民居的侧立面图（作者自绘）

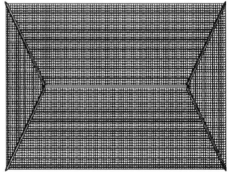

图 2-115　青寨庑殿顶民居的屋顶平面图（作者自绘）

站在山坡上远远望去，侗寨重檐翘角、青灰色瓦片屋顶与树木丛林互相遮掩，建筑屋顶结构的连续、有规律的变化，形成了屋顶在装饰方面的审美艺术效果（见彩图 2-11）。

### 2.5.2.5 屋顶装饰

官制建筑屋脊上的人物走兽形象雕塑的内容和次序有明确的规定，例如，角脊装饰的雕塑顺序依次按仙人、龙、凤、狮子、天马、海马、狻猊、押鱼、獬豸、斗牛、行什排列。仙人骑凤在最前端，寓意"仙人指路"，其后的十种动物形象都是传说中具有特殊神力的异兽。依照官制建筑的级别及屋顶坡身的大小，使用动物雕塑的个数不同，常取一、三、五、七、九单数，唯有故宫太和殿角脊上使用十个，象征着至高无上的皇权等级 [1]。

侗族民居屋顶装饰没有等级形制，更为自由活泼，集中在正脊的脊条处、正吻处和垂脊端头处。正脊的两端一般装饰有正吻，正脊的脊条上用精美的浮雕图案或者用瓦片堆砌出的花卉纹样作为装饰，称为花脊，有象征富贵满堂的方孔古钱或瓶形，有寓意福禄寿三星高照的蝙蝠、葫芦、寿桃，有期盼家中有人高官厚禄、飞黄腾达的三叠瓦成"品"字，还常见双龙、凤纹、牛头、麒麟、狮子、宝瓶、人物等形象，尊崇自然、简朴恬淡，展现侗族家庭重视教育，寄托人们对美好生活的向往 [1]，如彩图 2-12 ~ 彩图 2-20 所示。

侗族民居建筑的屋顶多使用反翘屋角和举折屋面来增加采光。在垂脊的端头常设兽头瓦片装饰，称为垂兽。飞檐翘角采用凤尾、卷叶花纹等自然植物，造型秀丽，兼防雨功能；采用仙鹤轻逸、潇洒的姿态来修饰檐角——高昂着头，舒展着长长的脖子，像是要飞走了的样子，增强了民居建筑的艺术感……

侗族人相信敬奉、爱惜和保护动物，能与动物和谐相处。人们很多祈求安康及美好祈愿的思想也寄托在动物与人物的立体雕刻中。侗族屋顶垂脊雕塑、正吻雕塑搭配正脊顶端的瓦片装饰，显得既精巧细腻，又简洁朴素，虽然没有官制建筑的尊贵豪华，却散发着侗族人民浓厚的生活气息 [2]。

---

[1] 张睿智，毛矛，康齐宇 . 中国传统建筑案例分析：村落建设风貌 [M] . 北京：北京大学出版社，2017.

[2] 邵中秀，林学伟 . 建筑屋顶的造型特征 [J]. 黑龙江科技信息，2009.

### 2.5.3 墙板

建筑物的墙起到围护、分隔、保温、隔热、装饰等作用。墙身承载屋顶、楼板向下传递的竖向压力，以及向墙面垂直吹来的风力。侗族民居木楼的墙板主要是木墙板，分为外墙、内墙。山墙面、背面外墙几乎不做装饰，侗族民居比较重视正立面装饰，门、窗、栏杆和花格子墙板协调整齐，刷上清漆或桐油，既有装饰作用又保护墙板（见图2-116、图2-117）。

图2-116 德桥村歇山顶的民居（摄自从江德桥） 　　图2-117 增冲村民居的正立面墙板（摄自从江增冲）

### 2.5.4 门

门可分隔户内、外和房间，提供出入的方便，侗族传统建筑门可分为大门、侧门、房间门等 ❶。

#### 2.5.4.1 大门

大门是房屋的入户门，双扇为门，单扇为户，承载出门入户的交通，保护居室的安全，为室内采光、通风和交通提供保障，大门一般建在民居住宅的中轴线上。

侗族传统民居多数为个体散户，大门形制较低，装饰朴素。有些大户人家会使用装饰华丽、品级高的大门。民间祠堂会有华丽、突破形制的大门，为了彰显家族地位，增加大门体量和装饰感，加建抱亭或抱厦。也有些院落围墙上开设大门，门上覆瓦顶、装门扇，形成入口空间 ❷，见图2-118、图2-119。

---

❶ 张天宇.基于BIM技术湖南传统村落门窗库建立方法与应用研究[D].湖南：湖南大学，2018.

❷ 刘枫.门当户对：中国建筑·门窗[M].沈阳：辽宁人民出版社，2006.

图 2-118　木杉村民居院落围墙大门　　　　图 2-119　道丁村民居院落围墙大门（摄自湖南道丁）
　　　　　（摄自天柱木杉）

（1）侗族干栏式民居大门　干栏式民居木楼建筑的入口布设于底层正面和山面，或二楼山面，并非直接进入生活空间，不需预留太大的滞留空间，占地面积小，入户门一般为单扇（见图 2-120 ～图 2-123）。

图 2-120　民居山墙底层入户门（摄自从江美德）　图 2-121　民居正面底层入户门（摄自通道花香村）

图 2-122　民居底层正面入户门（摄自黎平堂安村）　图 2-123　民居底层侧面入户门（摄自黎平堂安村）

（2）侗族地面式民居大门　地面式民居的生活空间在地面层展开，入口前先从缓冲空间外廊到堂屋正前方的中间位置，即室内凹进的"吞口"进入，侗族人相信"吞口"能保佑家人平安，逢凶化吉（彩图 2-21、图 2-22），入户门一般为双扇门。

在地面式侗族民居木楼建筑中，堂屋大门是每家地位最高、最重要的门，侗族本地叫"八字彩门"，是侗族民居的标志之一。"八字彩门"是布设于堂屋正中间的两扇门，旁边是实木的隔墙板，墙上开设有对称窗户。

（3）大门的基本结构　大门的基本结构由门框、门扇、细部构件（如门簪、辅首、看叶等）以及周边其余构件（如门槛、门枕石、门凳等）组成，如图 2-124、图 2-125 所示。

图 2-124　木杉村民居的大门

（摄于天柱木杉）

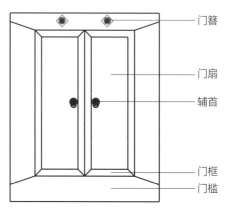

图 2-125　木杉村民居大门的基本结构示意图

（作者自绘）

门槛是门墩之间木质或石质的挡板，位于地面上门扇下，两边固定于门墩立面的凹槽处（图 2-125）隔断房屋与院落，起着挡风、保温和阻隔家禽等作用。

门簪是上连槛和门扇之间的连接构件，正面多数雕刻着"三、王"等的装饰图案（图 2-126）。门簪的形态有正方形、菱形、长方形、六角形及八角形等样式，数量有单独一枚、两枚、四枚、无门簪四种情况❶，侗族民居大门多采用两枚门簪。

辅首叫门钹，是开启门和叩门的构件（图 2-127），有很强的装饰性，寓意保

---

❶　李琰君 . 陕西关中地区传统民居门窗研究 [D]. 西安：西安建筑科技大学，2011.

　侗族建筑形式与功能

平安、祝吉祥和驱魔辟邪。辅首造型各异，纹饰精美，象征一定的社会地位。民间百姓的辅首一般形式各样，精致美观。

图 2-126　民居大门的门簪（摄自天柱木杉）　图 2-127　民居大门的辅首、看叶（摄自玉屏侗族风情园）

看叶指在较宽大门扇的上、中、下处，包铁皮以增强门板结构稳定性的包边工艺（图 2-127）。既可装饰，又能减少门扇开合时的摩擦或碰撞损伤。

门枕石是位于大门门框下面，门槛两端支撑门框、门轴的石质构件。门枕石能够增强大门立面造型的稳定，多数雕刻吉祥美好的装饰纹样，一般有石狮、石鼓、石座（见图 2-128、图 2-129）。

图 2-128　民居大门的门枕石（摄自锦屏隆里古城）　图 2-129　民居的石鼓、石座（摄自锦屏隆里古城）

#### 2.5.4.2　侧门

侧门是为生产、生活方便而布设在侧、背立面上的门，体量小，视线上安全隐蔽，装饰简单的单扇门，如图 2-130、图 2-131 所示。

图 2-130　纪堂村民居的侧门（摄自黎平纪堂上寨）　图 2-131　堂安村民居的侧门（摄自黎平堂安）

### 2.5.4.3　房间门

　　房间门是出入民居房间的门，分为板门和隔扇门。板门常用在内房门、厢房、门房等，一般为造型简洁、不雕刻的单扇或双扇门。隔扇门是兼门与窗之功能，华丽精美，增强采光、通风的房门（图 2-132、图 2-133）。

图 2-132　大湾村民居的板门　　　　图 2-133　隆里古城民居的隔扇门
（摄自松桃大湾村）　　　　　　　（摄自锦屏隆里古城）

### 2.5.4.4　门的附属装饰

　　（1）门匾　门匾（牌匾）常挂在大门正上方的中间位置或屋檐下和大门外的

正上方中间位置，门匾的文字精练，有深厚的文化内涵，象征主人涵养、品位、身份，寄托主人的人生原则、生活观念、理想追求和道德追求 ❶（见图 2-134）。

（2）门联　门联是指春节粘贴于门上红底黑字的春联，营造节日红火喜庆的氛围，驱魔避邪，表现百姓向往来年幸福生活和阖家顺遂的祈愿寄托，体现主人的治家格言、人生准则、审美观、道德观和人生观等（见图 2-135）。

图 2-134　门匾（摄自天柱木杉村）

图 2-135　门联、门神（摄自天柱木杉村）

（3）门神　门神画像贴于两个门扇上，侗家人认为门神可以保卫家宅平安（见图 2-135）。

（4）彩灯　彩灯是春节等节庆期间悬挂在门前，造型精美、形式多样的灯笼、花灯等，（见图 2-136），营造喜庆、热闹、祥和的节日气氛，是侗族同胞阖家团圆的精神寄托和美好愿景。

图 2-136　彩灯

## 2.5.5　窗

窗起采光、通风、眺望等作用，既保证室内的自然光充足，获得新鲜空气，又是室内外环境交融的重要元素。古代的窗并无玻璃，用纸或纱来避风和透光，不够坚固，为了保证安全，窗格间距要制作小些。窗格样式发展出各种繁复精细的图

❶　张天宇. 基于 BIM 技术湖南传统村落门窗库建立方法与应用研究 [D]. 湖南：湖南大学，2018.

案，是装饰与实用完美的结合。

### 2.5.5.1　窗形式

侗族民居窗形式较多，以直棂窗、长窗（隔扇）、横风窗、花窗、漏窗最为常见，还有槛窗、支摘窗、高窗、天窗等。

（1）直棂窗　直棂窗广泛应用于侗族传统建筑中，结构较简单❶，边框加横直排列，常为不可开启的固定窗扇，经济实用（见图2-137、图2-138）。

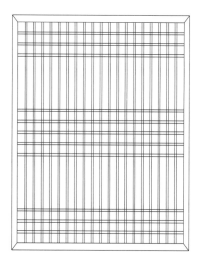

图2-137　木杉村民居的直棂窗（摄自天柱木杉村）　图2-138　木杉村民居的直棂窗示意图（作者自绘）

（2）长窗　长窗兼有门和窗的功能，又叫隔扇窗。关闭时为窗，利用通透的隔心来采光和通风。开启时为门，可通行出入，多布置在厅、堂、轩、馆。长窗隔扇的个数由开间的柱间距来确定，有四扇、六扇、八扇和十扇，六扇和八扇最常见。中间的两扇格门可开关出入，其他门扇常闭，接待宾客和节日时打开。建筑外无廊的长窗多向外开，有廊的多向内开，以避行者不便，朝外裙板常有雕花图案（见图2-139、图2-140）。

隔扇窗窗扇由大边、仔边、棂格、绦环板、抹头、裙板等构件组成，附属构件有转轴、连楹等起固定及开合窗扇作用的构件组成（见图2-142）。

（3）横风窗　横风窗位于上槛和中槛之间。横风窗题材丰富，造型精美，与隔扇窗一起构成完整的立面造型。可增强室内的采光，消解进深大而引起暗光（见图2-141、图2-142）。

---

❶　侯幼斌.中国建筑美学[M].哈尔滨：黑龙江科学技术出版社，1997.

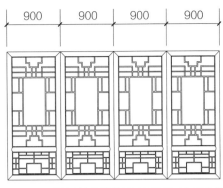

图 2-139　堂安村民居的隔扇窗（摄自黎平堂安）　图 2-140　堂安村民居的隔扇窗示意图（作者自绘）

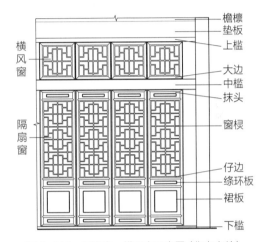

图 2-141　隔扇窗、横风窗（摄自黎平黄岗）　图 2-142　隔扇窗、横风窗示意图（作者自绘）

（4）槛窗　槛窗一般布设于木板壁之上，也称半窗。槛窗外形与隔扇门上半段的形状一样，其下设有风槛承接（见图 2-143、图 2-144）。槛窗的窗扇由大边、仔屉、格心绦环板组成 ❶。

（5）花窗　花窗是固定窗扇，位于建筑立面，或在庭院墙上使用，花纹精美，主题突出，有装饰墙面的作用 ❷（见图 2-145、图 2-146）。

（6）高窗　侗族民居的高窗位于山墙面的最高处，洞口较小、私密性较强、安全性较高，具有采光、通风、换气和调节温度之功能（见图 2-147、图 2-148）。

---

❶ 潘谷西 . 中国建筑史 [M]. 5 版 . 北京：中国建筑工业出版社，2007.

❷ 马炳坚 . 中国古建筑木作营造技术 [M]. 北京：科学出版社，2010.

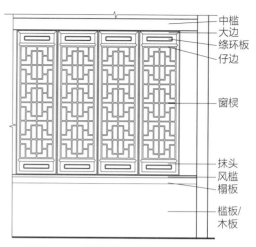

中檻
大边
绦环板
仔边

窗棂

抹头
风槛
榻板

槛板/
木板

图 2-143　纪堂村民居的槛窗
（摄自黎平纪堂村）

图 2-144　纪堂村民居的槛窗示意图
（作者自绘）

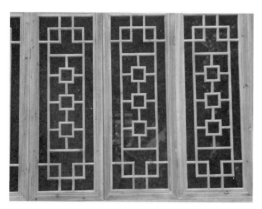
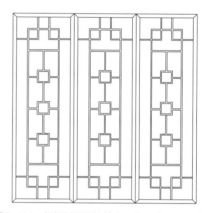

图 2-145　坪坦村民居的花窗（摄自通道坪坦）

图 2-146　坪坦村民居的花窗示意图（作者自绘）

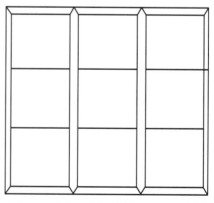

图 2-147　堂安村民居的高窗（摄自黎平堂安）

图 2-148　堂安村民居的高窗示意图（作者自绘）

### 2.5.5.2　窗棂的图案

侗族窗棂以"木"为"材"，以"雕"为"本"，以"窗"为"目"，以"花"为"饰"[1]，做工考究，造型精美，兼顾技术与艺术、实用与审美。窗棂记载了丰厚的传统文化，传承了千年的工匠技艺[2]。

窗棂的形式多样[3]，以下整理列举了部分门窗棂格图案形式于表 2-3 中。

表 2-3　侗族村寨窗棂格图案形式

| 类别 | 形式 | 造型举例 |
| --- | --- | --- |
| 分格类 | 满布式 | 平行直棂 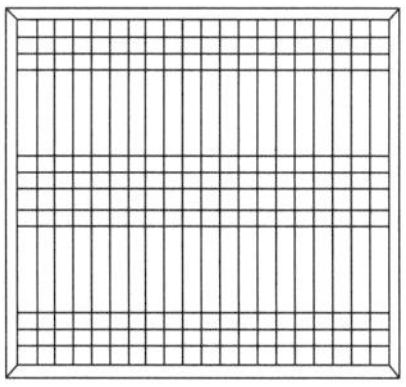 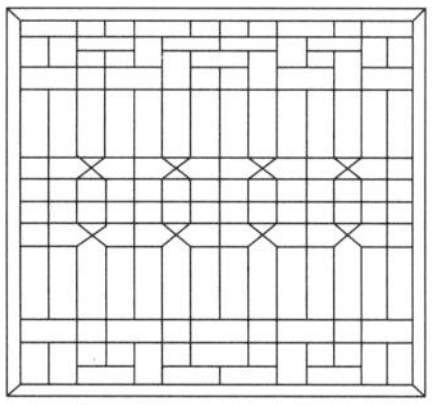 |
| | | 攒方锦   |
| | | 斜方格眼 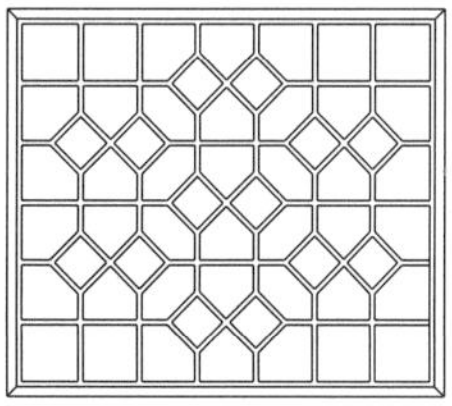 |
| | | 六角与八角形 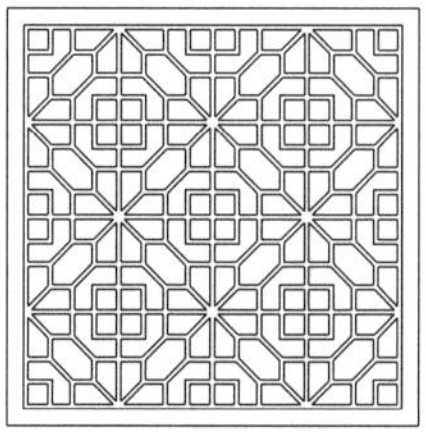 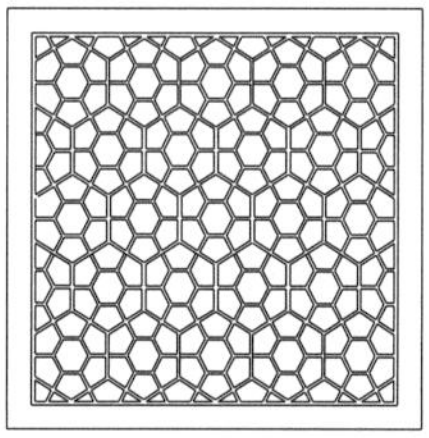 |

---

❶　朱广宇.中国传统建筑：门窗、隔扇装饰艺术 [M].北京：机械工业出版社，2014.

❷　刘先觉.现代建筑理论 [M].北京：中国建筑工业出版社，1999.

❸　中国建筑工程部.中国建筑参考图集：窗格 [M].北京：建筑工程出版社，1954.

| 类别 | 形式 | 造型举例 |
|---|---|---|
| 分格类 | 框格式 | |
| | | 步步锦 |
| | | 灯笼锦 |
| | | 龟背锦 |
| 连锁类 | 肘接式 | 楔接纹 |
| | | 献礼纹 |

侗族建筑形式与功能

| 类别 | 形式 | | 造型举例 |
|---|---|---|---|
| 连锁类 | 肘接式 | 并合锦 | |
| | | 十字花 | |
| | | 方圆光 | |
| | | 风车 | |
| | 内外连锁 | 套方锦 | |

| 类别 | 形式 | 造型举例 |
|---|---|---|
| 连锁类 | 内外连锁 | |
| | | 外接纹 |
| | | 汉纹 |
| | | 金钱纹 |
| | | 万不断 |
| 波纹类 | | 平行波纹 |
| | | 相对波纹 |

| 类别 | 形式 | 造型举例 |
|------|------|---------|
| 波纹纹类 | 万字纹 | |
| 回头纹类 | 雷纹 / 之字形回纹 | |
| | 雷纹 / 四字形云板 | |
| | 如意纹 | |
| | 冰裂纹 | |

侗族传统民居尊重自然，提倡节约简朴，手工制作木质窗，工艺较烦琐，制作费用也相对较高，可开启面积小（见彩图 2-23）。

如今侗族民居的门窗很多已改造为现代门窗，多数为铝合金或木材窗框，玻璃窗心，少装饰，经济实用。部分窗户是木质窗花，内设玻璃窗扇的双层窗户形式（见彩图 2-24、彩图 2-25）。

## 2.5.6 栏杆

栏杆作为功能性为主的遮拦构造物，也为民族生态建筑文化宝库留下了宝贵的一笔。侗族民居栏杆多用纵横木制成的遮拦构造物，横木为"阑"，纵木为"干"，是重要的安全围护构件。有竖条排列、木条交错重复排列。侗族民居二、三层多为三面栏杆围合，体量轻盈通透，栏杆样式各异，如彩图 2-26～彩图 2-29 所示。

### 2.5.7　吊脚

由于侗族习俗，民居建造选址常选在河流旁、山坡上或山沟里，吊脚是用来支撑承载水平地面的建筑结构，一般用杉树原木作为支撑，原木下面垫柱础，以防潮防腐。吊脚的结构形式恰当解决地形的限制 ❶，如图 2-149、图 2-150 所示，见彩图 2-30、彩图 2-31。

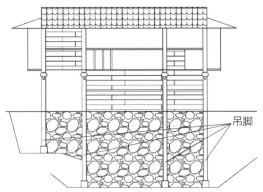

| 图 2-149　美德村民居的"吊脚" | 图 2-150　从江美德村民居的"吊脚"示意图 |
（摄自从江美德）　　　　　　　　　　　　（作者自绘）

### 2.5.8　吊柱

吊柱位于建筑悬挑位置的底端，造型多种多样，如方形、椭圆形、椭圆形和方形相结合，有单层、双层、三层的组合结构。在吊柱下部 200～300mm 之处，都雕刻着精美巧妙的花纹，多为侗族人们的日常生活所见，主要有鼓、灯笼、莲花、葫芦、金瓜、石榴等造型，枋头雕刻为象鼻子 ❶，如图 2-151 所示，吊柱的线条柔和，形状美观，是对侗族民居的点缀和妙笔，是侗族工匠们匠心独运之处，为整个侗族民居的建筑增添了色彩。图 2-152、图 2-153 为南、北侗吊柱式样。

---

❶　张育齐 . 贵州玉屏侗族传统村落的保护与文化传承初探 [D]. 西安：西安建筑科技大学，2018.

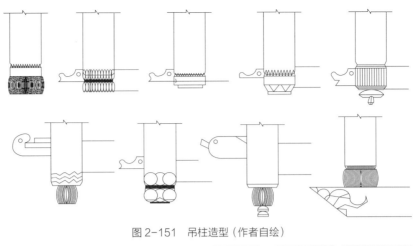

图 2-151　吊柱造型（作者自绘）

图 2-152　南侗干栏式民居的吊柱式样

图 2-153　北侗地面式民居的吊柱式样

　　侗族民居装饰重点在外檐部分，包括窗户和栏板的图案、墙板装饰、部分穿枋、吊柱等显眼位置的装饰雕花，二层、三层挑出走廊，部分民居为了使两层交接位置更加美观，做卷棚处理，有时整个外廊的顶均有卷棚装饰，见彩图 2-32。

# 第3章
## 侗族鼓楼

鼓楼是一种木构塔式建筑，底部为架空层，中部为密檐式楼身，顶部为攒尖式楼顶，见图3-1和图3-2。

图3-1　从江增盈鼓楼（摄自从江增盈村）

图3-2　从江牙现上寨鼓楼（摄自从江牙现上寨）

鼓楼为侗族村寨最重要建筑，"一寨必有一鼓楼"，每个鼓楼内都必须置放有牛皮鼓，见图3-3和图3-4，常用于鸣鼓示警，击鼓聚众议事，故得名鼓楼。

图3-3　颐和鼓楼的鼓（摄自三江颐和鼓楼）

图3-4　流芳村鼓楼的鼓（摄自黎平流芳村）

鼓楼建于寨子中心或寨门附近，高高耸立的鼓楼是侗族村寨最醒目的标志性建筑物，是承接举办各种节日活动和重大会议的场所，是村民日常娱乐、休闲及人文交流的共享空间，是侗族同胞精神维系的场所，承载着侗族的文化和历史，蕴含着侗族人民精湛的建造技艺。侗民把鼓楼比作寨胆，视为寨魂，是侗族建筑的璀璨"明星"，是融合侗族各种文化艺术的结晶，集使用功能和精神需要完美结合于一体，也是记载着侗族千百年来文化及历史政治的木建筑实物书。

## 3.1 鼓楼的种类

鼓楼依据楼体建造形式，可以分为凉亭式、厅堂式、民居式、楼阁式、宝塔式、戏台式、门楼式等 ❶ 。

### 3.1.1 凉亭式鼓楼

侗族村寨中有屋顶没有墙，一层平面轴对称的亭阁鼓楼，称为凉亭式鼓楼，其体形大小各不相同。一般认为村寨外面路边凉亭仍然叫作凉亭，村寨里面的凉亭为鼓楼（见彩图 3-1、彩图 3-2）。侗族村寨中这种凉亭式小鼓楼较多，一般占地面积较小，体形简单，建筑造型比例协调，细部构造处置精致，像亭又像楼，为过路人提供乘凉、休憩、避雨、聊天趣谈之处（见图 3-5 ~图 3-8）。

图 3-5　冠洞凉亭鼓楼（摄自三江冠洞村）

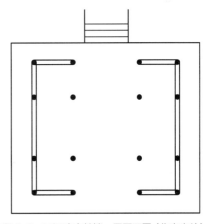

图 3-6　冠洞凉亭鼓楼一层平面图（作者自绘）

---

❶ 曹万平.侗族民间美术研究 [D].长沙：湖南师范大学，2017.

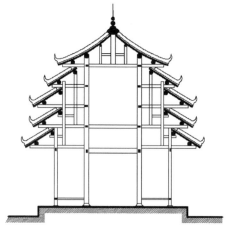

图 3-7　冠洞凉亭鼓楼的正立面图（作者自绘）　　　　图 3-8　冠洞凉亭鼓楼的剖面图（作者自绘）

## 3.1.2　厅堂式鼓楼

　　侗族厅堂式鼓楼是称为堂瓦、堂卡、聚堂或卡房的公共用房。通常仅有一层，矩形平面，三至五开间，开间尺寸 3 ~ 4m，进深约 6m，宽敞厅堂可容纳 20 ~ 60 人，设火塘、长凳，便于聚众议事。

　　厅堂式鼓楼是侗族鼓楼的早期形式，楼体造型简单，四围有封闭的、半封闭的或不封闭的，屋顶多为悬山和歇山，有些屋面加一间骑楼屋顶以排烟（见图 3-9 ~图 3-11）。

图 3-9　平岩村厅堂式鼓楼（摄自三江平岩村）

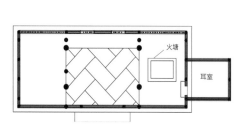

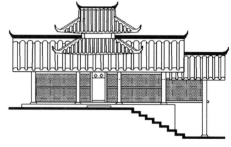

图 3-10　平岩村厅堂式鼓楼一层平面图（作者自绘）　　图 3-11　平岩村厅堂式鼓楼立面图（作者自绘）

### 3.1.3　民居式鼓楼

民居式鼓楼的楼体与民居基本相同，一般有两层，注重实用，标志性的装饰或有或无。

### 3.1.4　楼阁式鼓楼

楼阁式鼓楼有两种，一种是楼体平面呈长方形左右对称式的楼阁，如龙胜地灵侗寨的上寨鼓楼（彩图 3-3）。另一种是平面呈正方形，屋檐为三重以下的楼阁，如坪坦鼓楼（彩图 3-4）。

楼阁式鼓楼的楼体高度不高，外形上是楼宇而不是塔体，这是楼阁式与宝塔式鼓楼的主要区别。

### 3.1.5　宝塔式鼓楼

宝塔式鼓楼的高度超出宽度，顶部有塔刹，高耸雄伟。楼体超过五重密檐，平面呈轴对称的正方形、正六边形或正八边形，分为统一型（底层与顶层檐角同数）和变异型（底层挑檐形状与上部外形不一致）两类。

宝塔式鼓楼是现今鼓楼建造的主要形式，是侗族鼓楼建造工艺成熟的代表。以密檐覆盖塔身，塔顶（一檐或两檐）与塔身稍微拉开些距离或形式上稍作变化，即鼓楼的楼冠，整座鼓楼有三段式节奏变化，屹立挺拔，巍峨于寨中。

（1）下方檐、上歇山屋顶的塔式鼓楼见图 3-12 ～图 3-14。

图3-12　程阳马鞍鼓楼（摄自三江程阳八寨）

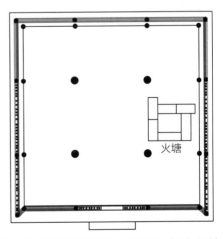

图3-13　程阳马鞍鼓楼的一层平面图（作者自绘）

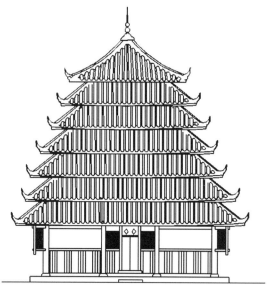

图 3-14  程阳马鞍鼓楼的立面图（作者自绘）

（2）下六角檐、上六角攒尖顶的塔式鼓楼见图 3-15 ~ 图 3-20。

图 3-15  南寨鼓楼实图（摄自三江南寨）

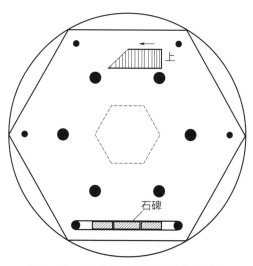

图 3-16  南寨鼓楼一层平面图（作者自绘）

（3）下八角檐、上八角攒尖顶的塔式鼓楼见图 3-21、图 3-22。

（4）下方檐、上八角攒尖顶的塔式鼓楼见图 3-23 ~ 图 3-25。

（5）塔式巨型鼓楼

① 颐和鼓楼——三江县中心鼓楼。2002 年在三江县城内的浔江东岸兴建了颐

侗族建筑形式与功能

和鼓楼（见图 3-26、图 3-27），高 27 层，总高度 42.6m，底部为方形平面，每边尺寸为 19m，12 根檐柱。入口朝东，前有宽大的鼓楼坪，鹅卵石铺成侗族图腾图案和传统的鸟兽花纹的地面。它是一座侗民博物馆，楼内陈列着大量图文照片和历史实物。

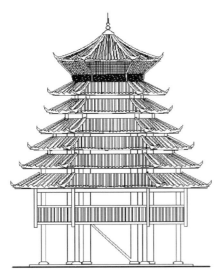

图 3-17　南寨鼓楼的立面图（作者自绘）

图 3-18　大利鼓楼

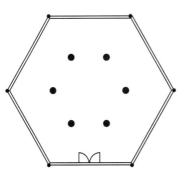

图 3-19　大利鼓楼一层平面图

（摄自榕江大利村、作者自绘）

图 3-20　大利鼓楼内景图

图 3-21 三江平铺上寨鼓楼立面图

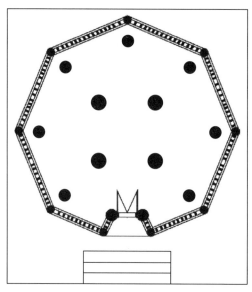

图 3-22 三江平铺上寨鼓楼一层平面图（作者自绘）

图 3-23 冠洞村新鼓楼（摄自三江冠洞村）

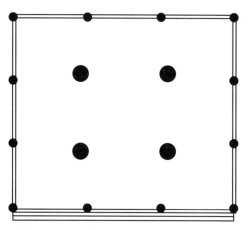

图 3-24 冠洞村新鼓楼一层平面图（作者自绘）

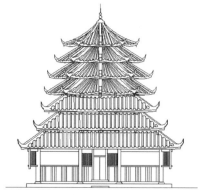

图 3-25 冠洞村新鼓楼立面图（作者自绘）

侗族建筑形式与功能

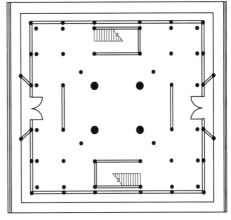

图 3-26　颐和鼓楼（摄自三江颐和鼓楼）　　　图 3-27　颐和鼓楼一层平面图（作者自绘）

② 从江鼓楼。从江鼓楼位于贵州省从江县，2005 年建成，占地面积 477m²，高度 46.8m，密檐式 29 层重檐，双层楼冠，八角攒尖顶木结构，是中国目前最高的木质鼓楼。选用本地的杉木建造而成，采用环柱结构形式。32 根柱子直立支撑鼓楼，鼓楼内 4 根粗大的通天内柱支撑屋顶，分别取自大家坳、托苗、小黄和分居，都是数百年的巨大杉木，耗费数百人力工时，众人抬，车子运载，辗转至此。通天内柱的柱脚直径约为 1.3m，高度约为 36m，构成高耸雄伟的楼体，楼身平面呈正八边形。楼体自下而上逐层向内收缩，每一层都遮盖青瓦，泥塑八角飞檐，楼冠下面设置如意斗拱，斗拱下面装设漏窗，翼角起翘，层层檐口封板都有彩绘，绚丽缤纷，走兽、飞禽、蛟龙、仙人等，形态生动，栩栩如生，交相辉映。楼身第一层挑檐吊脚，吊柱悬于檐下，或镂雕成木瓜，或倒置成莲花状，柱子之间布设有 32 幅镂空木雕装饰画，都是反映侗家人生产场景或生活烟火气息，如纺布、耕作种植、打谷、舂米等情景，妙趣横生。鼓楼布设东、南、西、北 4 个门，分别代表东迎朝晖、南进财宝、西送晚霞、北拥吉祥❶。第一层正面的楼檐上方阴刻有黑底鎏金的行书"从江鼓楼"字样。鼓楼榫卯衔接而成，整栋楼内外雕梁画栋，图案精美，见图 3-28、图 3-29 所示。

❶ 王效青 . 中国古建筑术语辞典 [M]. 太原：山西人民出版社，1996.

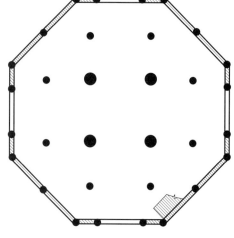

图3-28　从江鼓楼（摄自从江鼓楼）　　　图3-29　从江鼓楼一层平面图（作者自绘）

③ 榕江鼓楼。榕江鼓楼（图3-30）坐落于榕江县柳江广场上，2016年建成。使用混凝土和木质结构相结合，木质结构部分依照侗族传统工艺修建，不用一颗金属钉铆，传承侗族建筑独特风格。该鼓楼占地面积约600m²，为双层宝顶，高55.8m，共27层重檐，周围建有文化广场、郎楼、寨门、旅客接待中心等配套设施。榕江鼓楼为柳江畔的榕江古州城增添一道亮丽的风景。

图3-30　榕江鼓楼（摄自榕江鼓楼）

（6）戏台式鼓楼　戏台式鼓楼是将戏台与鼓楼合二为一的鼓楼。如通道县马田鼓楼就是典型的戏台式鼓楼，第一层冬天能够用于烤火，第二层夏天可以用于乘凉，二楼面朝鼓楼坪一边的中间开间敞开不作封闭，布设成戏台；以前的侗族戏台较小，近年新建的戏台式鼓楼的戏台宽大，塔楼高耸，具有鼓楼聚众议事休闲的空间和功能。

归盆戏台坐落于三江县独峒镇归盆村，戏台平面是长方形，舞台后面是鼓楼，舞台下面是活动室和后台备用房间，建筑立面为五层重檐，一、二层是坡屋顶，三、四层为方形重檐，屋顶是八角攒尖顶，见图3-31、图3-32。

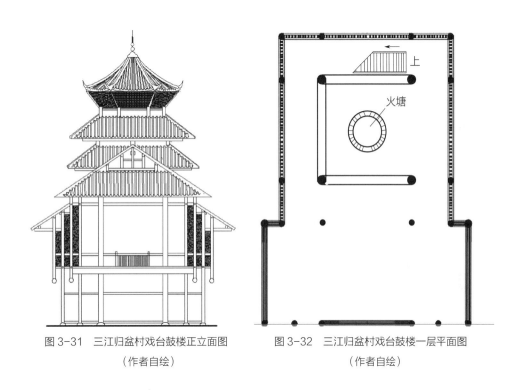

图3-31　三江归盆村戏台鼓楼正立面图　　　图3-32　三江归盆村戏台鼓楼一层平面图
　　　　　　（作者自绘）　　　　　　　　　　　　　　　（作者自绘）

（7）门楼式鼓楼　门楼式鼓楼是鼓楼和寨门的结合，也称门阙式。常建在空间组织较为紧密的村寨，如横岭河边鼓楼是回廊式的门楼，寨门在鼓楼下面正对河边（见彩图3-5、彩图3-6）。以前这里植被较好，河水清澈，居民挑河水饮用，流水量大，以水运交通为主，因为小货船经过横岭村到达上游的坪坦村，坪坦村成为周边地区的交易集散地而盛极一时。

## 3.2　鼓楼的结构

　　早期鼓楼仿大杉树（图 3-33）的外形
设计，只用一棵粗大的杉木充当主承柱，架
上横梁，瓜柱支撑挑出屋檐。后来鼓楼在独
柱附近添加辅柱形成内环柱，于其上架上梁
柱，横穿直套枋柱形成稳固又轻巧的网架
（图 3-34）。

图 3-33　杉树（摄自从江金勾）

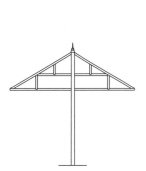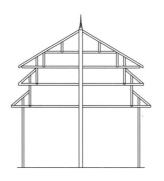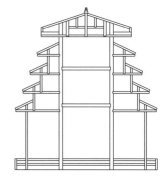

图 3-34　鼓楼结构发展简图（作者改绘）❶

　　鼓楼用杉木进行榫卯衔接建造，是不使用一铆一钉的木质结构。一幢顶梁柱
凌空拔地而起，梁枋纵横交错，上层、下层尺寸完全吻合，采用杠杆原理，层层向
上支撑，常采用单层檐，如三层、五层、七层乃至一二十层不等。每层檐口使用我
国至今保存不多的古典建筑"人字形斗拱"艺术，构成侗族特有的塔式建筑❷。
鼓楼采用柱、梁、枋、檩、椽等构成的木结构，柱子是垂直受力，梁或枋是水平受
力。柱与柱之间用"梁""枋"穿过榫卯连接，称作穿斗式结构；将"梁"直接搁
置在柱子顶端，柱子插入梁的底部，称作抬梁式结构❸；为了使空间庄重开阔，横
向交接柱梁用榫卯穿斗，但改用大梁承接前后柱，省用多根柱子，并且大梁之上再
承抬上部梁架，称为抬梁、穿斗混合式结构❹。侗族鼓楼的木构架结构体系通常使

❶　陈鸿翔.黔东南地区侗族鼓楼建构技术及文化研究 [D]. 重庆：重庆大学，2013.

❷　润畦.路，我刚走了一半 [M]. 昆明：云南美术出版社，2011.

❸　陆元鼎，潘安.中国传统民居营造与技术 [M]. 广州：华南理工大学出版社，2002.

❹　潘谷西.中国建筑史 [M]. 7 版.北京：中国建筑工业出版社，2015.

用穿斗式结构和抬梁、穿斗混合式结构[1]。

## 3.2.1　穿斗式鼓楼

穿斗式鼓楼结构全用杉木穿凿衔接，不用铁钉，大小木条横穿直套，纵横交错不差分毫，结构非常严谨。根据穿斗式鼓楼的"中心柱"（雷公柱）是否落地，分为独柱鼓楼和环柱鼓楼。独柱鼓楼的"中心柱"（雷公柱）直接落地，而环柱鼓楼的"中心柱"（雷公柱）不落地。

### 3.2.1.1　独柱鼓楼

独柱鼓楼是仅用一根中柱支撑整座鼓楼，承受压力，中柱伸至顶端，多层檐攒尖顶，密檐式木结构。现在保存下来的有述洞独柱鼓楼和高定独柱鼓楼。

（1）述洞独柱鼓楼　述洞独柱鼓楼位于贵州省黎平县述洞村（见图 3-35、图 3-36），又称"杉树鼓楼"或"现星楼"。整座鼓楼仅用一根中柱支撑，中柱伸至顶端。鼓楼自下往上逐层收小，七层檐四角攒尖顶，密檐式木结构，高度15.6m，占地面积 53.3m$^2$。鼓楼底部中间建有火塘，四根长凳围着火塘摆设（见图 3-37）。本座鼓楼始建于 1636 年（明崇祯九年），相传鼓楼原址是一棵巨杉，侗民常聚于树下叙事纳凉，巨杉死后，侗民于原址仿杉树形状修建鼓楼。述洞独柱鼓楼是侗族地区唯一现存的鼓楼雏形，它的结构形式为推动后世鼓楼建造技艺的发展影响深远，工艺巧妙精致，结构独特精湛，体现了侗族劳动人民聪明勤劳的智慧。独柱鼓楼堪称"中国古代建筑史上的一大精品"，也为侗族建筑发展史上一大瑰宝，称为"鼓楼之宗"[2]。

（2）高定独柱鼓楼　另一座独柱鼓楼修建于广西三江侗族自治县高定村，高定独柱鼓楼也称为"五通"鼓楼（见彩图 3-7、彩图 3-8）。整座鼓楼仅使用一根直径 800mm 独柱作为主承柱，主柱上排置放射状的 8 根横梁与鼓楼四周的 8 根边柱相连，穿斗木结构，里面结构呈伞状。该鼓楼 1921 年修建，1988 年重建，高 19m，底面积 130m$^2$，攒尖顶，十三层重檐，工艺精巧，气势宏伟[3]。

---

❶　蔡凌.侗族建筑遗产保护与发展研究 [M].北京：科学出版社，2018.

❷　石尚醒，杨正权，金黔.情倾独柱鼓楼 [N].贵州商报，2002-07-16.

❸　杨秀芝，彭修银.中国少数民族审美文化丛书 侗族审美文化 [M].北京：中国社会科学出版社，2017.

图 3-35　述洞独柱鼓楼实图（摄自黎平述洞）

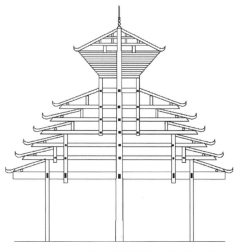

图 3-36　述洞独柱鼓楼剖面图（作者自绘）

图 3-37　述洞独柱鼓楼模型（作者改绘）❶

### 3.2.1.2　环柱鼓楼

　　为了增加鼓楼的使用空间，修建鼓楼时把中心独柱扩大为中柱环，贯穿上下层，起承载支撑作用，构成双套筒结构的环柱平面，抬高中心柱，转变成连接瓜柱的雷公柱。实现了鼓楼的高度从受到中心柱高度的限制向更高空中发展。

　　环柱鼓楼底层平面没有中心柱，由内外两周柱形成底层的正多边形平面（见图 3-38 ~ 图 3-46）。内周柱称为内柱，是鼓楼的主承柱；外周柱称为檐柱，起围

❶　陈鸿翔.黔东南地区侗族鼓楼建构技术及文化研究 [D]. 重庆：重庆大学，2013.

合空间，支撑第一层屋檐与瓜柱的作用。位于鼓楼平面的几何中心、贯穿上下直到鼓楼顶不落地的雷公柱，是水平穿枋的连接构件。

图 3-38　四边形鼓楼内景（摄自黎平堂安鼓楼）

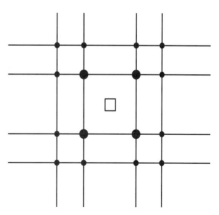

图 3-39　四边形鼓楼平面简图

图 3-40　四边形鼓楼仰视图（摄自黎平堂安鼓楼）

图 3-41　六边形鼓楼内景（摄自榕江大利鼓楼）

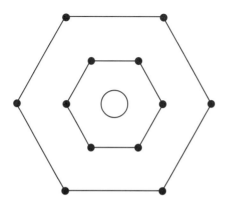

图 3-42　六边形鼓楼平面简图

图 3-43　六边形鼓楼仰视图（摄自榕江大利鼓楼）

图 3-44　八边形鼓楼内景（摄自从江增盈鼓楼）

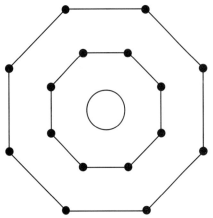

图 3-45　八边形鼓楼平面简图

图 3-46　八边形鼓楼仰视图（摄自从江增盈鼓楼）

　　环柱鼓楼用多层瓜枋支承主承柱与檐柱之间的挑檐檩和逐层内收的瓜柱，瓜枋尾端插入主承柱，或穿过主承柱插入雷公柱，如此反复而上，这样的一榀穿斗式屋架在主承柱和檐柱之间重复使用，形成鼓楼整个木构架（见图 3-47）。主承柱之间、瓜柱之间都使用穿枋连接，在水平面上构成一层一层的环状箍，连接固定各榀屋架，使整个鼓楼空间结构更加牢固稳定 ❶。

　　环柱鼓楼有成百上千的构件，结构如图 3-48 所示。

　　① 主承柱（金柱）：是整根粗大的杉原木内环柱，以原木的高度确定鼓楼的高度，也称擎天柱。

----

　　❶　蔡凌 . 侗族建筑遗产保护与发展研究 [M]. 北京：科学出版社，2018.

② 檐柱：是能够承受上部荷重和稳固楼板的原木外环柱，一般有一层或二层高，鼓楼的平面形状由檐柱的根数和布置决定。

③ 瓜柱：是底部在下层梁枋上，上部开洞插入上层梁枋，柱顶支撑上部檩条的中细原木柱，其高度短小，底部与下层梁枋的连接有多种方式。

④ 吊柱：是位于鼓楼层或二层的不落地柱，由上下梁枋出挑承重，下部柱头多为莲花垂，吊柱之间为格栅窗。

⑤ 雷公柱：是支撑鼓楼攒尖顶的中间独柱。

⑥ 梁枋：置于主承柱之间。

⑦ 瓜枋：是穿过连接主承柱与檐柱、瓜柱之间的木枋，支承着上层瓜柱的荷载。

⑧ 大梁：是搁置雷公柱的唯一大梁，有精神寓意和构造作用，选材要求极高。

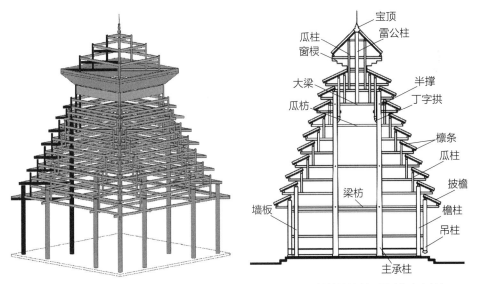

图 3-47 环柱鼓楼规律重复的穿斗构架　　　图 3-48 鼓楼结构剖面图（作者自绘）
（一榀穿斗式屋架）（作者自绘）

环柱鼓楼楼身主体的平面多为正多边形，屋面形式为多重檐攒尖，建筑整体造型挺拔高耸，是侗族村寨平面构图的中心和垂直标志。经工匠们的奇思妙想，利用多种多样的构造，使鼓楼造型得以创新与发展。

（1）环柱鼓楼的结构创新

① 减柱。减柱是用枋或梁将底层的全部或部分内柱抬高，以获取开阔的使用空间，鼓楼建造常用两种减柱形式。

第一种是外八内四，即内外八边形环柱鼓楼的底层减去四根内柱（见图 3-49 ~图 3-51）。

图 3-49　外八内四的鼓楼
（摄自从江美德鼓楼和自绘）

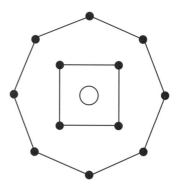

图 3-50　外八内四鼓楼平面简图

图 3-51　外八内四鼓楼内景（摄自从江美德鼓楼和自绘）

第二是内柱不落地，用檐柱间的梁支承受力，减掉底层的所有内柱，如黎平纪堂村寨头鼓楼（图 3-52、图 3-53），距今约有 150 年，这座鼓楼场地仅有4350mm×4350mm，利用檐柱间"井"形相叠的梁枋将四根内柱抬高距地面约3m，使底层空间开阔。这种鼓楼是因场地小而特殊建造的，跨度大而高的鼓楼不宜采用。

② 加柱。鼓楼加柱为较多见的技术措施，是把下檐四边形变换成上檐六角或八角攒尖屋面。如黎平肇兴的信寨鼓楼（图 3-54 ~图 3-56），底部是四边形，到

了上部就变成了八角攒尖屋面，用 4 根内柱作为八边形的 4 个角点，在连接主承柱和檐柱的第一层穿枋上加一根横梁，再在横梁上的对应位置加瓜柱，增加 4 根瓜柱作为另外 4 个角点，与原来的主承柱一起组成八边形的结构体系，同样，在连接主承柱和檐柱的第二层枋上也加一根横梁，用来支承加柱以后对应产生的第一根挑檐瓜柱，变换至多重檐八角攒尖屋面的造型。

图 3-52　内柱不落地鼓楼（摄自纪堂寨头鼓楼）

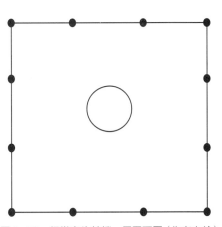

图 3-53　纪堂寨头鼓楼一层平面图（作者自绘）

图 3-54　4 内柱 4 瓜柱八角攒尖鼓楼

图 3-55　鼓楼加柱的仰视图（摄自肇兴信团鼓楼）

从江县的坝寨鼓楼也是用加柱的技术措施，在下檐四边形变换成上檐六角攒尖的形式的。加柱方式方法灵活变化，创造不同的鼓楼立面式样。

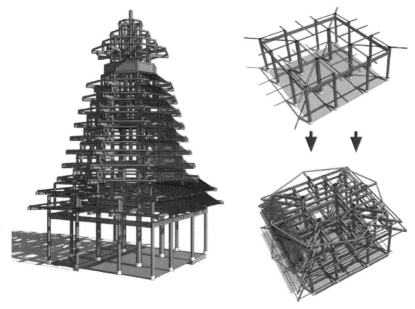

图3-56　肇兴信团鼓楼加柱示意图（作者改绘）❶

（2）环柱鼓楼的构造特点

① 多重檐。瓜柱支撑层层出挑的穿枋、上承檐檩形成檐部，内柱与檐柱之间水平距离影响着屋檐的层数，营建时，一般均分内柱、檐柱之间的水平距离，瓜柱依此纵向均匀排列。鼓楼内排立的瓜柱越密越多，屋檐层数就越多。如果檐柱与内柱的间距较小，又要求更多层的檐数，则需在内柱与檐柱连线方向的穿枋上增加多根瓜柱，从而又增多了几重檐（见彩图3-9）。

侗族鼓楼层层叠叠的屋檐和多层粉白色的封檐板、瓦口及起翘的檐角在立面造型上富有节奏和韵律感❷。

② 各层檐口连线。鼓楼顶层的屋面设有举折，其余屋面都是直线，同一屋面相邻两檩条的高度差与水平距离的比是 0.5，即屋面坡度为五分水。在保持瓜柱之间的水平距离相等及屋面坡度正切值 0.5 不变的情况下，改变各层檐檩之间的高差，出檐的长度长短不一，鼓楼外轮廓呈现微向内凹的反曲线，鼓楼秀美、轻盈。

---

❶ 陈鸿翔.黔东南地区侗族鼓楼建构技术及文化研究 [D]. 重庆：重庆大学，2012.

❷ 蔡凌.侗族建筑遗产保护与发展研究 [M]. 北京：科学出版社，2018.

如从江县往洞镇增冲鼓楼（图 3-57、图 3-58）。

图 3-57　增冲鼓楼（摄自从江增冲鼓楼）

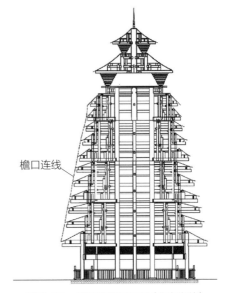

檐口连线

图 3-58　增冲鼓楼剖面图（作者自绘）

③"侧脚"。"侧脚"是将内柱同时向内倾斜一定的角度，柱顶向内收，柱脚向外抛，凭借屋顶重量产生"水平推力"以抵御木构架变形，防止倾侧或散架（图 3-59、图 3-60）。瓜柱从下到上按此角度倾斜，有时不留空隙紧密排列。"侧脚"鼓楼与垂直鼓楼相比较，"侧脚"鼓楼的体形更加挺拔消瘦。

图 3-59　鼓楼内柱侧脚的图（作者改绘）

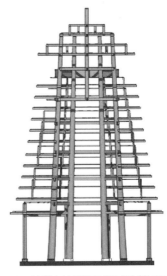

图 3-60　鼓楼内柱侧脚的剖面图（作者改绘）

### 3.2.2 穿斗抬梁混合式鼓楼

#### 3.2.2.1 穿斗抬梁混合式鼓楼的特点

鼓楼的檐柱或金柱之间以枋连接，金柱用大梁穿斗连接，大梁上面竖立瓜柱或驼峰，隔架斗拱支承三架梁或五架梁，构成脊步或上金步局部的抬梁结构，即一部分的檩是靠梁来承托重量的，称为穿斗抬梁混合式。上金檩、中金檩搭在梁上而不是柱头上，但金柱与檐柱仍然用穿斗式连接，湖南省通道侗族自治县坪坦河流域坪坦村、上都天村，芋头村、横岭村和阳烂村有多座穿斗抬梁混合式鼓楼（图 3-61、图 3-62），多数都是清代遗留下来的。

穿斗抬梁混合式鼓楼的金柱或檐柱间形成开敞的空间，平面为矩形，重檐歇山或悬山屋面，体量并不高大，类似汉族建筑中的厅堂建筑，通道县坎寨村新修的颂福楼是穿斗抬梁混合式鼓楼。侗族村寨穿斗抬梁混合式鼓楼为了适应山地地形，选址和修建时灵活处理基地，常错层处理，将底层局部架空，主要的使用面放在二楼，成为干栏式建筑。穿斗抬梁混合式的做法又可细分为"梁型"和"穿型"。

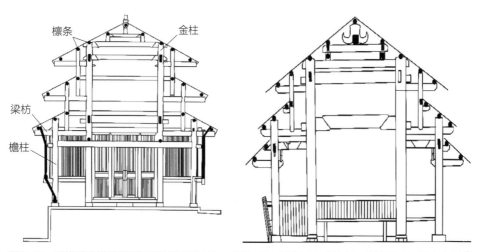

图 3-61 通道坪坦村高盘鼓楼剖面图（作者改绘）　　图 3-62 通道上都天村上都天鼓楼剖面图（作者改绘）❶

"梁型"是指瓜柱支撑三架或五架梁，上金檩、中金檩直接落在柱头之上，也就是"柱承梁，梁承檩"的关系。（如图 3-63）。"穿型"则指的是梁承瓜柱，瓜柱直接承托檩，而瓜柱之间以穿枋连接，但瓜柱和下层"穿梁"的关系仍是插入，

---

❶ 蔡凌. 侗族建筑遗产保护与发展研究 [M]. 北京：科学出版社，2018.

而不是"穿"（如图 3-64）。

图 3-63 "梁型"鼓楼——牙上鼓楼（作者改绘）　　　图 3-64 "穿型"鼓楼（作者改绘）❶

### 3.2.2.2　穿斗抬梁混合式鼓楼的典型例子

穿斗抬梁混合式鼓楼，较集中地分布在湖南省通道侗族自治县坪坦河流域的侗族村寨，结构简明，造型简洁、朴素，构成了该地鼓楼最显著的地域特征。

穿斗抬梁混合式鼓楼一般与长廊、寨门、戏楼联合在一起修建，或者后期经过改建、扩建，构成形式独特的组合体建筑，丰富了村寨的公共生活、休闲、娱乐和旅游活动空间。

（1）牙上鼓楼　湖南通道侗族自治县双江镇芋头村牙上鼓楼，是最为奇险的穿斗抬梁混合式鼓楼，一半搭建于斜坡上，另一半悬于斜坡下，共用 17 根梨木柱子支撑，其中最长的一根柱子高约 9.1m，4 根檐柱竖立于平地，其他柱子长短不一，全部落在下面的陡坡上，柱子支撑鼓楼的楼面，悬空下方有通道，也一样兼具门楼功能（图 3-65、图 3-66）。

（2）坪坦鼓楼　通道坪坦鼓楼为穿斗抬梁式结构，由前部的鼓楼和后部的南岳宫组成，鼓楼屋面为悬山顶，后部的南岳宫使用了南方汉族通常采用的封火山墙，使鼓楼的整体造型产生了变化（见图 3-67 ~图 3-69）。

（3）阳烂鼓楼　位于湖南通道县阳烂村的阳烂鼓楼（图 3-70、图 3-71），屹立于村口河边，是侗族少见的门厥式鼓楼。1787 年始建，1840 年、1883 年、1925 年、1956 年曾经进行 4 次维修，1984 年、1990 年村民自己筹集资金进行局部修缮。

---

❶　陈鸿翔. 黔东南地区侗族鼓楼建构技术及文化研究 [D]. 重庆：重庆大学，2012.

图 3-65　牙上鼓楼（摄自通道芋头村）

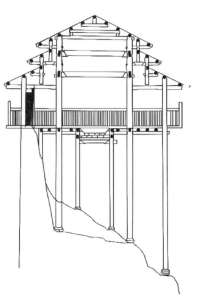

图 3-66　牙上鼓楼剖面图（作者自绘）

图 3-67　坪坦鼓楼（摄自通道坪坦村）

图 3-68　坪坦鼓楼内景（摄自通道坪坦村）

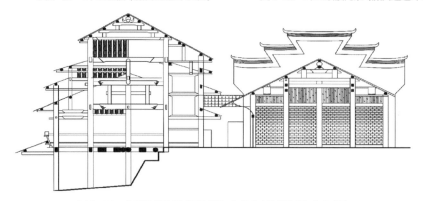

图 3-69　通道坪坦村坪坦鼓楼与南岳宫剖面图（作者自绘）

图 3-70　通道阳烂鼓楼（摄自通道阳烂鼓楼）　　图 3-71　通道阳烂中心鼓楼剖面图（作者自绘）

鼓楼坐北朝南建造，木质结构，占地面积 242m²，由门楼、主楼、后楼和连廊（主楼与后楼连接部分）四部分构成。风格独特的组合体鼓楼，是阳烂村村口的标志性建筑。

双阙重檐式门楼，双阙都将穿枋与主楼檐柱连接，构成整体鼓楼构架。门楼屋檐使用如意斗拱出挑，形成歇山式屋顶；主楼一层中间设置有火塘，屋顶为三重檐歇山式，青瓦覆盖，高度 8.2m。主楼中间 4 根金柱支撑到第三层屋顶，周围 12 根檐柱支撑到第二层，承接二檐挑枋，翘角出挑；后楼明间柱升起，重檐悬山顶。可从后楼的楼梯通过连廊进入主楼的二楼，即主楼与后楼采用连廊相连，构成前呼后应的建筑体系❶。

（4）横岭鼓楼　湖南通道横岭鼓楼，由鼓楼、一号门楼（Ⅰ门楼）、二号门楼（Ⅱ门楼）组成，北靠南岳庙，南朝坪坦河，1855 年始建，1864 年建造Ⅰ门楼，1883 年修建Ⅱ门楼，都是穿斗抬梁式木构架（彩图 3-10）。

鼓楼是二重檐歇山屋顶，底层平面为四方形。鼓楼与Ⅰ门楼、Ⅱ门楼二檐相交处设置排水天沟，Ⅰ门楼、Ⅱ门楼均使用如意斗拱出挑。鼓楼二层伸出用瓜柱收敛，连廊贯通两个门楼，使整座鼓楼建筑融合一体，具有独特的侗族建筑风格。寨门建在鼓楼西面坎下的河边，底层架空作为寨门，正好是从河边渡口进入的村寨的

---

❶　梁燕敏 . 中国建筑的传统风格与民族特色探析 [M]. 北京：中国纺织出版社，2018.

必经通道 ❶。

现代后期建造的抬梁式鼓楼，底层下面是宽大的厅堂，顶层上面修建高高的攒尖顶，如横岭村村委旁边的戏台鼓楼，底层檐为悬山顶，中间又叠以四层盝顶，盝顶上面再加五层八角檐，逐层向上攒尖（彩图 3-11）。

## 3.3　鼓楼的平面布局

鼓楼的建造通常不用设计图纸，凭工匠们熟练的技艺和丰富的创造力建造。由于相同的文化，大多数鼓楼有异曲同工之处。鼓楼的平面形状有四方形、六角形、八角形，多为偶数（图 3-72 ～图 3-74）。

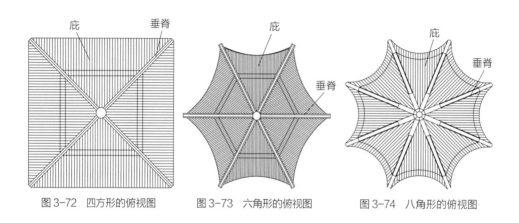

图 3-72　四方形的俯视图　　　图 3-73　六角形的俯视图　　　图 3-74　八角形的俯视图

建筑造型的外形平面呈偶数，屋檐层叠多为奇数。侗族人自古以中为尊，以阳为祥，以阴为福，且认为奇为阳（三、五、七），偶为阴（四、六、八），外部层数多为奇数，内部柱数为偶数。

鼓楼内柱中的地面为石砌火塘，冬季焚火取暖，供楼内侗胞议事休息。立面的密檐间开敞为无封闭的窗子，排放火塘升起的袅袅炊烟。不管鼓楼有多少层密檐，使用面积仅是底层。高耸的塔形立面是鼓楼单体的雄伟造型和村寨建筑群体的天际轮廓线所需，是村寨建筑群的主体。从村外远望，高耸的鼓楼雄伟壮丽，给人以有序的建筑景观感。

---

❶　湖南省文物局 . 湖南文化遗产图典 [M]. 长沙：岳麓书社，2008.

## 3.4 鼓楼的细部

### 3.4.1 鼓楼门窗

鼓楼的出入大门一般只有 1 个,多数位于明间中,也有位于一侧的,部分鼓楼设置 2 个出入门,从江增冲鼓楼设置有 3 个出入门(图 3-75 ~ 图 3-77),大门都有高高的门槛,往往高 400mm,进出需"高抬贵脚"。

图 3-75 增冲鼓楼第 1 个出入门
(摄自从江增冲鼓楼)

图 3-76 增冲鼓楼第 2 个出入门(摄自从江增冲鼓楼)

鼓楼底层窗为木棂窗,窗下部多为木板壁,处理得非常随意,窗格均为开敞处理,不糊窗纸,因为侗区冬季不是特别严寒,有利于火塘燃柴时排烟。侗族鼓楼的门窗构成包括有门有窗(彩图 3-12)、有门无窗(彩图 3-13)和无门无窗三种形式(彩图 3-14、彩图 3-15)。

### 3.4.2 鼓楼屋顶

侗族早期鼓楼以悬山顶居多,发展中期以重檐歇山顶较多,发展成熟期多以重檐攒尖顶为主,出现由重檐攒尖歇山顶向重檐轴对称攒尖顶发展变化的趋势,从四角方形攒尖向六角、八角的攒尖发展,且檐角越来越翘、越来越高,塔刹也越来越高。鼓楼屋顶造型分为:悬山、庑殿、歇山、攒

图 3-77 增冲鼓楼第 3 个出入门
(摄自从江增冲鼓楼)

尖、密檐、重檐、盝顶、盔顶、楼冠、塔刹等。

### 3.4.2.1 悬山顶、歇山顶鼓楼

厅堂式鼓楼的屋顶多为歇山顶、悬山顶，如三江平岩村平寨鼓楼是二重檐悬山顶厅堂式，芋头侗寨牙上鼓楼是半封闭的三重檐歇山顶（彩图3-16、彩图3-17）。

### 3.4.2.2 攒尖顶鼓楼

自下到上逐渐收缩的屋顶叫攒尖顶，有两种形式。

（1）平面左右对称的攒尖顶鼓楼　楼身自下到上逐渐缩小，顶层为歇山顶或悬山顶，顶部小但有一条平的正脊，即楼身攒尖而楼顶不攒尖，这就是鼓楼的一种独特建造。如通道坪坦鼓楼为五重檐悬山攒尖式。三江马胖鼓楼九重檐，盘贵鼓楼七重檐，牙寨鼓楼五重檐，均为四角形密檐向上渐拢攒尖，歇山楼顶 [1]。

（2）平面轴对称的攒尖顶鼓楼　鼓楼楼身自下逐层缩拢攒尖而上，顶部是一个周围低中间高的伞顶，自下往上呈现为平面轴对称形，垂脊多为双数，平面以四角、六角、八角为主。既用于楼体为轴对称的宝塔形鼓楼（见彩图3-18），也用于楼体为长方体的左右对称鼓楼（见彩图3-19），如通道马田鼓楼为长方体楼体配置歇山顶，歇山顶上面布设成四角重檐攒尖塔体，屋顶为八角攒尖顶 [1]。

### 3.4.2.3 庑殿顶鼓楼

侗族鼓楼鲜少应用庑殿顶，但有个例，如通道县横岭村河边的长廊式鼓楼，为二重檐顶，上层屋檐从一层悬山顶中冒出来两个庑殿顶 [2]（见彩图3-6）。

### 3.4.2.4 复合式屋顶鼓楼

侗族工匠们经过长期实践，把庑殿、歇山、硬山、悬山等的式样进行设计创新，对木结构屋顶进行加工处理，使原来呆板、笨拙的大屋顶变得精致轻巧，并创造出一些具有侗族特色的屋顶结构和复合式屋顶样式。比如，四角重檐攒尖顶，下面四角多重檐攒尖顶变成上面六角多重檐攒尖顶，下面四角多重檐攒尖顶变成上面八角重檐攒尖 + 任意屋顶（歇山、悬山、圆顶等均有）；歇山顶 + 盝顶 + 悬山顶组合；悬山长屋脊的一端加攒尖顶形成非对称楼体；悬山长屋脊加做重檐顶或方形攒尖顶；楼顶不攒尖，楼身攒尖；全部主承柱轴向倾斜式攒尖楼体，等等。楼顶形式

[1] 曹万平. 侗族民间美术研究 [D]. 长沙：湖南师范大学，2017.

[2] 王月玖. 张家口地区传统民居建筑研究 [D]. 邯郸：河北工程大学，2010.

的组合随意，没有规矩、禁忌，求新立异，极尽变化。侗族建筑屋顶样式，各地有各地的特点，不同的样式汇聚，彰显出民族经营建筑的能力，形成了侗族建筑的独特风貌和规模。

### 3.4.3　鼓楼的宝顶

层层重檐直至顶部，顶檐上升六尺，恰似蜿蜒盘旋的神龙之颈。宝顶有攒尖式、歇山式，下部层层斗拱支撑出檐。如增冲鼓楼的八角重檐攒尖顶，出挑用斗拱承重，出挑距离非常大，飞檐翘角。鼓楼最上层重檐的屋面和宝顶下部的蜜蜂窝构成喇叭形的开口，利于声音的传播。雷公柱贯穿宝顶，丈许高的铁针立于其上，串上复钵后成葫芦状塔刹，使鼓楼更加挺拔 [1]（如彩图 3-20）。

现代新修建的宝塔式攒尖顶鼓楼一般都装置有高高的塔刹，而且越来越高。例如，黎平县黄岗村修建的四座攒尖顶鼓楼都装置有高高的塔刹，塔刹上布设有八到九串火焰宝珠，还装饰着戟月刀式的仰月，塔刹的高度超过了楼冠的层高，彰显鼓楼高耸、雄伟 [2]（见彩图 3-21、彩图 3-22）。

### 3.4.4　鼓楼的屋檐

（1）檐层多、楼层少　鼓楼屋檐层数均取为单数，少则五、七层，多达二十多层。鼓楼高但内部仅有上下两层，一般鼓楼仅为两层，有部分鼓楼多于两层，如从江增冲鼓楼顶部为鼓亭。

（2）檐口不起翘　早期侗族地区建筑不用瓦，用杉树皮铺设屋面，檐口起翘无法施工。现存或新建的鼓楼都为小青瓦屋面，沿袭早期习惯檐口不起翘。但工匠们广泛使用弧状的扁铁"勾"钉在角梁之上，外包桐油石灰裹塑（或糯米浆），白勾像白鹤展翅（见彩图 3-23），更多鼓楼把仙鹤、凤凰、升龙等吉祥、辟邪神物包裹在扁铁之外（见彩图 3-24）。

### 3.4.5　鼓楼的楼身

鼓楼的楼身一般不封墙，底层宽大开敞，少数用镶板做窗台，楼身一般不封

---

❶ 陈鸿翔 . 黔东南地区侗族鼓楼建构技术及文化研究 [D]. 重庆：重庆大学，2012.

❷ 曹万平 . 侗族民间美术研究 [D]. 长沙：湖南师范大学，2017.

墙，内设火塘，中柱间设木凳。楼身层层密檐之间通透，出檐深远以通风挡雨，冬季烧柴取暖不会倒灌烟气，而且层檐架空，夏季热辐射也不会影响纳凉（如彩图 3-25）。

### 3.4.6　鼓楼的楼梯

鼓楼内中柱旁边立一细长的独木楼梯，于一人高处以上每隔一尺凿眼插入木棍，即为楼梯，不占面积，供人垂直攀登，上可达鼓亭，极为方便，见彩图 3-26。

### 3.4.7　鼓楼细部装饰

早期鼓楼，装饰简单实用，随着经济的发展，侗族鼓楼造型更雄伟、装饰更精美。

鼓楼装饰分为台基、屋身、屋顶三部分。台基的装饰较简单，将一般石础（见彩图 3-27）辟湿，在石础下做一层硬化或铺一层石板（见彩图 3-28、彩图 3-29）；屋身的装饰也简单，极少做雕梁画栋的装饰；侗族鼓楼最重视屋顶装饰，主要有屋顶样式造型、屋脊造型、檐角造型、涂漆彩绘、添加泥塑、斗拱出挑、梁柱雕刻、望板遮盖、饰物悬挂等形式。

鼓楼的装饰具有浓郁的侗族色彩，重檐飞阁，有歇山、悬山和攒尖屋顶，楼身分为四角、六角、八角多种形式，宝葫芦的塔刹直穿蓝天。翘角上兽、禽雕塑装饰物生动形象，屋檐上的鸟兽龙凤、鱼虫花草、古今人物等彩绘图画，缤彩纷呈，玲珑精致❶。

（1）屋脊造型装饰　鼓楼屋脊造型装饰主要由屋脊正中将琉璃或瓦堆砌组合成花纹或加置宝顶，屋脊两头装置鸱吻、望兽、泥塑的角翘，屋脊布设对称的神兽，在正脊或垂脊上添加泥塑蛟龙形象（见彩图 3-30），在攒尖顶装置塔刹等。

（2）檐角造型装饰　檐角造型装饰是鼓楼檐角弯曲、反翘、加挂悬鱼、泥塑花卉纹样、动物形象或人物形象等（见图 3-78）。

---

❶　刘峰，龙耀宏. 中国民族村寨调查：侗族：贵州黎平县九龙村调查 [M]. 昆明：云南大学出版社，2004.

图 3-78　各种动物雕刻立体效果图（作者自绘）

侗族鼓楼的檐角塑有龙、虎、豹、鳌鱼、孔雀、仙鹤、凤凰、花草以及侗族人物形象（见彩图 3-31、彩图 3-32）。

（3）涂漆彩绘装饰　侗族鼓楼热爱梁柱涂漆、墙面彩绘、封檐板彩绘。在封檐板上刷白色、黄色、蓝色为底，在上面描绘侗寨风景、弹琵琶唱歌、情人相会、抬官人、喊天节、芦笙舞、对情歌、接新娘、斗牛、摔跤、舂米、耕田、收稻、织布、烧酒、仙鹤、狮子、老虎、花卉图案，还有老鼠嫁女、天仙配、白蛇传、唐代历史人物、牛郎织女等等。侗族鼓楼是密檐，封檐板数量众多，全部都有彩绘图案，内容非常丰富（见彩图 3-33），很多鼓楼在墙面、板壁上也会做彩绘（彩图 3-34）。

（4）泥塑造型装饰　泥塑造型是在屋面、门前、屋脊、檐下等添置泥土铸的动物（见彩图 3-35 ~ 彩图 3-37）、侗族人物（见彩图 3-36、彩图 3-37）、花卉、器物（如芦笙、宝瓶）等形象，涂上色彩以增强效果。最多的造型是双龙戏珠，正门中间二层檐塑二龙抢宝泥塑或一楼大门上添二龙戏珠泥塑（见彩图 3-38 ~ 彩图 3-40）。

（5）梁柱雕刻装饰　侗族鼓楼特别重视外部装饰，内部的梁柱雕刻不多，一般在吊柱下端雕为灯笼形（见彩图 3-41），露头梁枋雕为祥云形卷尖（彩图 3-42），讲究的鼓楼在主梁上稍有雕琢。

（6）斗拱出挑装饰　在立柱、枋与檐檩间或构架间，从枋上加的一层层探出成弓形的承重结构叫拱，拱与拱之间垫的方形木块叫斗，合称斗拱。斗拱出挑是用斗拱装饰屋檐和梁柱之间空间的手法，多数鼓楼都在楼冠下面用了斗拱装饰（见彩图 3-43、彩图 3-44）。

（7）饰物悬挂装饰　鼓楼的饰物悬挂有多有少，常挂功德榜、织锦、木版画、题记等（见彩图 3-45、彩图 3-46）。榕江宰荡鼓楼、黎平黄岗鼓楼将牛角挂于鼓楼内（见彩图 3-47、彩图 3-48）。高盘鼓楼，梁枋上挂满了出嫁女儿进献的侗锦，有些鼓楼悬挂镜子。

（8）望板遮盖装饰　望板遮盖是用卷曲的薄板蒙蔽结构混乱的地方，具有光滑曲线之美（见彩图 3-49）。如榕江鼓楼楼冠下面就利用了望板装饰，将铺作层结构全部遮蔽。

侗族鼓楼注重外部漂亮、内部实用。侗族群众冬天喜欢在鼓楼内部围着火塘烧柴取暖、聊天叙事或举办各种活动。木柴烟火会熏黑鼓楼内部各结构（见彩图 3-50、彩图 3-51），所以较少做内部装饰。

# 3.5　鼓楼的功能

## 3.5.1　使用功能

鼓楼主立面为多层密檐的亭或单层建筑，低层是聚会、娱乐、说古谈今的活动大厅。侗族早期称鼓楼为"百"，即堆扎或聚集；之后很长时间称鼓楼为"堂瓦"或"堂卡"，堂意为人，"瓦"或"卡"意为说话，即公共议事厅。有些地方称鼓楼为"得楼"，即楼下之意。

鼓楼是各侗寨的标志建筑，其雄伟高大的外形是侗民的精神寄托。鼓楼的底层正中地面多砌石火塘，冬季烤火聊天，夏季纳凉交流（见彩图 3-50）。

鼓楼既是严肃的政治中心、议事大厅，遇重大事件击鼓聚众议事，解决纠纷；外敌侵犯，击鼓汇集抗敌；又是娱乐休闲场所，扎堆聊天、讲故事、唱歌、吹芦笙、谈情说爱、织绣等，是集多种功能于一体，使用效率极高的公共社交中心，即聚义厅、祭祀厅、娱乐厅、演出厅和宴会厅等[1]，见图 3-79、图 3-80。

随着时代的变化，广播取代了鼓的作用，文明的社会和成熟的制度也使鼓楼的军事作用消失，而传统文化色彩日益增重。

---

[1]　高雷，程丽莲，高喆 . 广西三江侗族自治县鼓楼与风雨桥 [M]. 北京：中国建筑工业出版社，2016.

图 3-79　纪堂鼓楼内议事与唱歌　　　　　　　图 3-80　增盈鼓楼内唱歌
（摄自黎平纪堂村）　　　　　　　　　　　　（摄自从江增盈村）

## 3.5.2　文化功能

侗族鼓楼隐含了多层的文化积淀，是一个巨大的文化符号 ❶。

（1）神圣的文化柱　鼓楼外形像一棵巨杉树，侗族许多神圣的事务都围绕着鼓楼而进行，鼓楼代表着侗族的文化。侗家人立寨首先建立鼓楼，即使缺乏人力、财力、物力，也必须先竖立一根杉木柱当作鼓楼。后期杉木柱发展演变成结构繁复的建筑，新的建筑沿袭传承了柱的性质。杉树是旺盛生命力的象征，老树枯死倒下，它的根部也会不断地发育出新苗，以至成片成林 ❷。世界上有多个古老民族崇拜信仰柱子，将"柱"比作通天通神的道路，如北美印第安人的图腾柱，中国古代的华表等都是柱子崇拜的一种形式 ❸。

（2）龙的形象　中国南方古越人以龙蛇为主要图腾，划龙舟、断发文身等习俗是龙蛇图腾的现象。侗族人对龙蛇图腾记忆积淀在心里，并有表达的冲动。侗家人立寨都要充分展现龙的意象文化，寨门、风雨桥、民居、风水等都与龙的寓意有关。

侗族鼓楼也被视作是一条龙的形象，从高空俯瞰，上小下大的鼓楼就如一条卧盘着的龙，一条守护着村寨的平安吉祥的龙。圆环形层层上升的檐面，青粼粼的一层层屋檐瓦片是巨龙身上的甲片，造型繁复多变的塔顶是龙头。

---

❶　佚名 . 侗族鼓楼：文化境域的诗性象征 [J]. 中国西部，2005[02]：60-70.

❷　王良范 . 侗族鼓楼：文化境域的诗性象征 [N]. 贵州政协报，2011-01-11.

❸　吴定国 . 百里侗寨 [M]. 北京：中国文史出版社，2016.

（3）鱼窝　侗族鼓楼的第三个符号取物象是鱼窝，侗族的村寨内外为了防火的需求，建设有许多鱼塘。鱼是侗家人的美味食品和祭祀祖先的祭品，是侗族的记忆载体，是一种文化符号。

（4）仙鹤　侗族人们还认为鼓楼造型取像于仙鹤的形象。鼓楼的两翼轮廓线上的檐翅，像一队整齐展翅欲飞的仙鹤，鼓楼中间的檐翅，形似从上至下列队的仙鹤，目不转睛注视着地面。

（5）汉侗文化交流的结果　侗族鼓楼的屋顶采用了汉文化中宫殿亭塔的屋顶形式，也采用了汉文化建筑中斗拱装饰，有力学上的需要，也有文化的原因。斗拱装饰的攒尖式亭阁楼顶是鼓楼的象征，而它之下四周的各级披檐是侗寨民居的象征。

（6）其他符号　鼓楼上的雕塑、绘画、楹联、纹饰等是鼓楼外形的文化符号体系，有机地把村寨、屋、塔、楼、殿、阁、亭、堂、杉树、龙、仙鹤、鱼窝等形象融合在一起，采纳这些物象象征寓意，创造出多层次的、立体的融合建筑文化，称之为"鼓楼文化"。

鼓楼是侗族建筑中的杰出代表，更是侗族精神性的文化要素，是侗族村寨的标志性建筑，是侗族人集事议事和娱乐的主要场所，也是吉祥的象征，是兴旺的标志，是侗族人民智慧的结晶。

# 第4章
## 侗族风雨桥

在黔湘桂三省交界的侗族地区，侗族村寨依山傍水，溪河众多。风雨桥广布侗乡，数量繁多，种类丰富。风雨桥无钉铆固定，木料榫卯相连，横穿竖插构成木结构，用木结构作为主体结构，搭建在石墩上，用瓦片遮挡风雨，形成长廊式走道，亭廊相连，瓦檐重叠，重檐翘角，青瓦白墙，雕梁画栋。

## 4.1 风雨桥的种类

风雨桥依据亭廊的样式和数量分为平廊式、楼廊式、阁廊式和攒尖顶塔廊式❶。平廊式与楼廊式体量较小，造型简单，常用于寨内交通使用；阁廊式风雨桥体量较大，桥亭多为歇山顶，精致秀丽，常用于寨与寨间通行；塔廊式风雨桥体量最大、装饰最丰，多为攒尖顶桥亭，宏伟瑰丽，气宇轩昂，常用于全寨出入口。

### 4.1.1 平廊桥

平廊桥无桥亭，桥身有长有短，有单跨和多跨，屋顶均为小青瓦两坡顶，正脊用青瓦白灰砌塑，是最简便经济的形式（见图4-1～图4-5）。

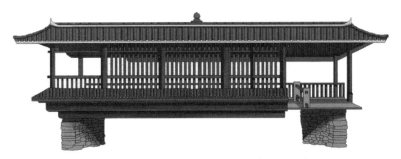

图4-1　无桥亭的平廊桥的立面图（作者自绘）

---

❶ 陆元鼎，潘安.中国传统民居营造与技术 [M].广州：华南理工大学出版社，2002.

图 4-2　无桥亭的平廊桥（摄自黎平青寨）

图 4-3　三江乐善桥（摄自广西三江乐善）

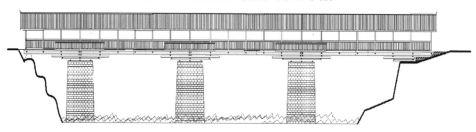

图 4-4　三江乐善桥立面图（作者自绘）

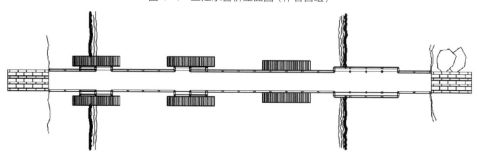

图 4-5　三江乐善桥平面图（作者改绘）❶

## 4.1.2　楼廊桥

楼廊桥有双层廊顶，为了丰富屋顶轮廓线，在屋顶正中开间骑楼，见图 4-6 ～图 4-10 所示。

---

❶ 高雷，程丽莲，高喆 . 广西三江侗族自治县鼓楼与风雨桥 [M]. 北京：中国建筑工业出版社，2016.

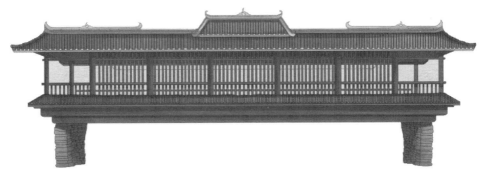

图 4-6　楼廊式风雨桥立面图（作者自绘）

图 4-7　楼廊式风雨桥（摄自榕江大利）

图 4-8　弄团村小三合桥（摄自三江弄团村）

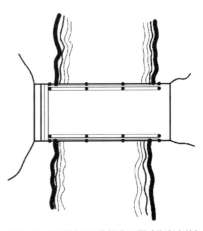

图 4-9　弄团村小三合桥立面图（作者自绘）

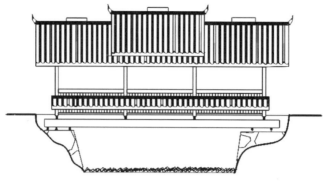

图 4-10　弄团村小三合桥立面图（作者自绘）

### 4.1.3　亭廊桥

在风雨桥的进出口两端或中间桥墩上建一个二重檐或三重檐的小亭子，丰富桥身造型（见彩图 4-1、彩图 4-2）。

### 4.1.4　阁廊桥

在多跨桥的两端和河中桥墩上建造四重檐以上的阁楼，屋顶均为歇山顶，使桥廊造型更加丰富多彩，这种类型的桥比较多（图 4-11 ~图 4-14）。

图 4-11　阁廊桥立面图（作者自绘）

图 4-12　阁廊桥（摄自三江程阳普济桥）

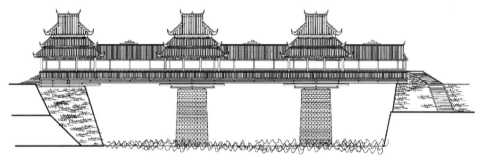

图 4-13　三江程阳普济桥的立面图（作者自绘）

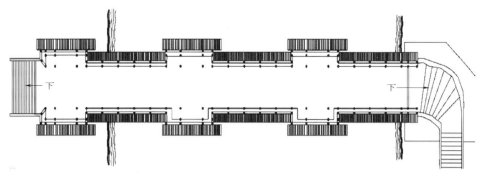

图 4-14　三江程阳普济桥平面图（作者自绘）

## 4.1.5　塔廊桥

塔廊桥就是在桥墩上建造 4 ～ 5 层密檐的攒尖顶类似宝塔的塔楼，使桥身造型更加庄重优美。下面介绍几座侗族地区典型的塔廊桥。

（1）三江程阳永济桥　三江程阳永济桥是典型的塔廊桥，桥上有五座桥亭，十九间桥廊，长 77.76m，宽 3.75m，高 11.52m，如图 4-15 ～图 4-17 所示。

图 4-15　三江程阳永济桥示意图（作者自绘）

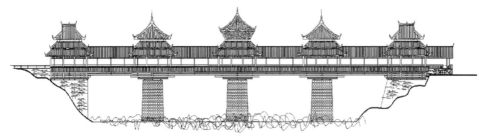

图 4-16　三江程阳永济桥立面图（作者自绘）

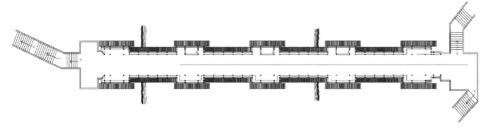

图 4-17　三江程阳永济桥的平面图（作者自绘）

（2）黎平地坪风雨桥　黎平地坪风雨桥也是塔廊桥，位于贵州省黎平县地坪镇，1882 年开始修建，1959 年被火灾毁坏，1964 年黎平县人民政府投资重建修复，1966 年再遭受损毁，1981 年贵州省人民政府和黎平县人民政府再次拨款修葺，按原貌修复，2004 年 7 月被特大洪水冲垮毁坏，2008 年 8 月 18 日再重修落成，其长度、宽度、高度的尺寸及其结构、工艺都严格遵守原状❶。地坪风雨桥横跨于南江河两岸，长度 57.61m，宽度 5.2m，桥身距离平常水位为10.75m，桥上建有桥楼与长廊，青瓦覆盖。桥下中间立一青石桥墩支承木梁结构的桥体，分为左右两孔桥跨，左孔净跨度为 13.77m，右孔净跨度为 21.42m，左右孔都超过了木料所能达到的跨度。底部布设两排各八根粗大的杉木穿榫连接一体，架通两岸。桥体两侧装设有高 1.1m 直棂栏杆，栏杆外布设披檐。桥廊的两边装置有长凳，供行人乘凉、避雨、休憩。桥廊壁上装饰有山水花卉虫鸟、侗族生产生活场景及历史故事人物等彩绘。桥廊的正脊上面有泥塑二龙抢宝、鸾凤和鸳鸯。桥墩上面和桥廊的两端修建有桥亭三座：中间桥亭最高，为五重檐四角攒尖顶，屋顶上装置宝珠，檐下装饰如意斗拱，木构架净高 9.92m，连同宝珠通高 11.4m，中间桥亭的 4 根金柱上各有绘青龙一条，天花板上彩绘

❶　黔东南州民族宗教事务委员会．黔东南州世居少数民族文化丛书：侗族卷 [M]．贵阳：贵州大学出版社，2017．

有龙、凤、鹤、牛等图案；桥廊两端的桥亭均是四重檐歇山顶建筑，通高7.8m，见图4-18～图4-22。

图4-18　地坪风雨桥（作者自摄）

图4-19　地坪风雨桥内景（作者自摄）

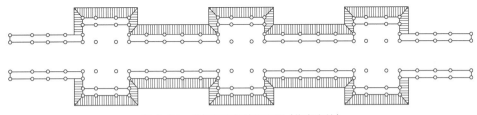

图4-20　地坪风雨桥的平面图（作者自绘）

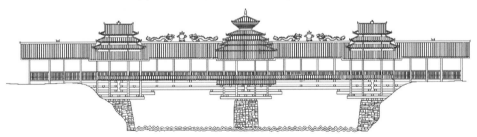

图4-21　地坪风雨桥的立面图（作者自绘）

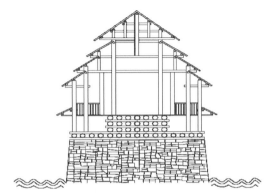

图4-22　地坪风雨桥的剖面图（作者自绘）

（3）三江风雨桥　广西三江风雨桥，兼用传统工艺和现代建筑工艺。桥长度为398m，宽度为18m，两边是人行道，中间布设为车行道，各宽4m。桥身的下半部分是钢筋水泥结构的拱桥，横跨于浔江两岸，桥拱顶距离水面高度为35m，跨度长300m。桥身的上半部分是木质结构的廊桥，有7座桥塔亭，有292间穿斗排列桥廊。

（4）新晃晃州风雨桥　新晃县晃州风雨桥于2013年12月底落成。桥体横跨舞水河，南端连接砂洲路，北端连接G242，桥长度为220m，宽度为12m，中间车道宽度6m，两边人行道各3m。

（5）芷江龙津风雨桥　湖南芷江县的龙津风雨桥修建于1591年，400多年来，多次损毁又几经修葺，最近修复于1999年，桥长度为246.7m，宽度为12.2m。

（6）凯里清水江风雨桥　凯里清水江风雨桥位于凯里市龙头河清水江河畔。大桥长度377m，宽度44m，大拱净跨度150m。

（7）玉屏风雨桥　玉屏风雨桥坐落于玉屏县城，横跨㵲水河，桥身的下半部分是钢筋混凝土结构的桥墩和桥面，上半部分是木结构的廊桥。廊桥两旁是人行道长廊，中间布设为车行道。桥长198.04m，桥面宽度13.5m，此桥梁有4个拱，每拱净跨度为40m，即为4×40m的空腹式拱桥形式，钢筋混凝土结构，桥面全木结构风雨廊桥。

## 4.2　风雨桥的结构

风雨桥分为上中下三层结构，由下层桥基、中层桥跨、上层桥屋三部分组成（图4-23）。桥基用石，桥廊用木，桥顶用瓦，物尽其用，就地取材。在桥上建廊、亭，除起到重力平衡作用之外，还可保护木质桥面及桥跨，延长风雨桥使用寿命。

图4-23　风雨桥的三层结构示意图（作者自绘）

## 4.2.1 桥基

桥台是桥头两端的基座，在河的两岸用块石砌成坚固的桥台座，结合自然地形地貌，部分砌青石护坡且适当抬高基座，上面置悬臂木托架梁，其上面再架圆木大梁。桥墩是伫立于河流中央的基座，外部用青石砌成，内为料石填充，通常为六棱柱体，迎、背水面呈60°～70°夹角，可减轻流水的冲击，桥墩的高度向中心收3%～8%可增强整体的稳定性（图4-24～图4-26）。小型的风雨桥没有桥墩，桥整体横跨两岸，由加固的两岸进行支撑。

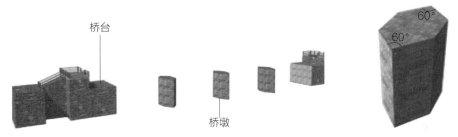

图4-24　风雨桥的桥台和桥墩示意图（作者自绘）

图4-25　风雨桥的桥台（摄自通道永定桥）　　　图4-26　风雨桥的桥墩（摄自从江增盈桥）

## 4.2.2 桥跨

侗族风雨桥的桥跨分为简支、拱式和伸臂。

### 4.2.2.1 简支桥跨

上部结构由两端简单支承在墩台上的主要承重梁组成的桥梁。20世纪80年代之前，沟壑溪河桥梁以木梁简支桥为主。木桥桥体易腐朽、常维修，被日渐放弃，越来越少。简支廊桥有单跨和多跨，分为木梁廊桥和石梁廊桥，侗族风雨桥常见单跨木梁简支廊桥。大石块采集难度大，石梁风雨桥极少，大型石梁风雨桥更少。如榕江县大利侗寨中的几座风雨桥都为单跨简支木廊桥（图4-27 ~ 图4-30），黎平县肇兴侗寨的五座风雨桥中仁团、信团、义团三座风雨桥是简支木梁廊桥（见彩图4-3、彩图4-4）。

图4-27　简支木梁廊桥（摄于榕江大利）

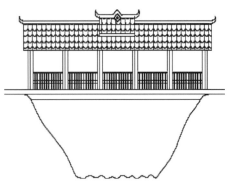

图4-28　大利简支木梁廊桥立面图（作者自绘）

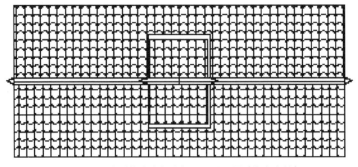

图4-29　大利简支木梁廊桥屋顶平面图（作者自绘）

　　多跨的简支廊桥分为木梁木柱、木梁石柱、木梁水泥柱和混凝土梁柱，混凝土梁柱风雨桥耐用扎实，拥有现代特色但丢掉了传统文化特点。20世纪90年代还保存有多跨的木梁木柱的板凳式风雨桥，如今都改修成石墩或水泥墩风雨桥。从江县往洞镇增盈风雨桥是木平梁石墩（图4-31、图4-32）；通道县横岭风雨桥是混凝土梁柱风雨桥❶，见彩图4-5所示。

❶　蔡凌.侗族建筑遗产保护与发展研究[M].北京：科学出版社，2018.

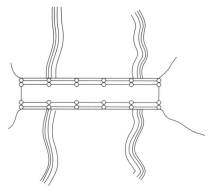

图 4-30 大利木梁廊桥平面图（作者自绘）

图 4-31 增盈木平梁石墩风雨桥（摄自从江增盈）

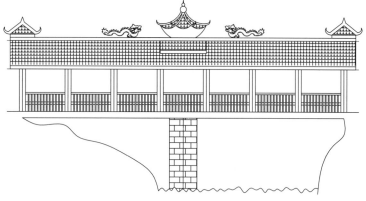

图 4-32 增盈木平梁石墩风雨桥立面图（作者自绘）

#### 4.2.2.2 拱式桥跨

拱式桥跨是用拱作为桥身主要承重结构的桥，拱桥主要承受轴向压力。侗族拱式廊桥分为木拱、石拱和混凝土拱，许多木梁腐朽维修时弃用木梁，改为扎实耐用的石拱桥和混凝土拱桥作桥身。石拱廊桥分单孔和多孔，石拱桥虽然费工费料，但耐腐蚀，成为 20 世纪下半叶木梁改造的替代型。新建的风雨桥较多为混凝土拱桥，如从江得桥村风雨桥（图 4-33、图 4-34），黎平四寨村风雨桥（彩图 4-6）和黎平地扪风雨桥（彩图 4-7）等。礼团的风雨桥已经改建成混凝土拱桥桥身（图 4-35、图 4-36）。

图 4-33 德桥村风雨桥（摄自从江德桥村）

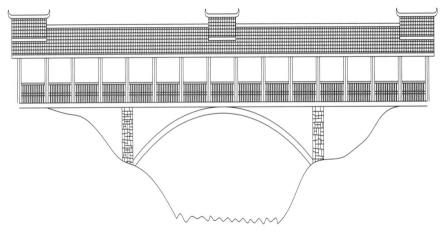

图 4-34　得桥村风雨桥的立面图（作者自绘）

图 4-35　肇兴礼团混凝土拱廊桥实图
（摄自黎平肇兴）

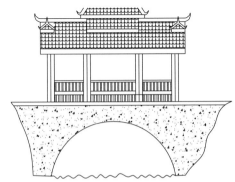

图 4-36　肇兴礼团混凝土拱廊桥立面图
（作者自绘）

#### 4.2.2.3　伸臂桥跨

　　侗族风雨桥木质结构的桥跨多采用伸臂木梁技艺。伸臂式平梁木廊桥是经典类型和最多见的类型。有木梁单跨桥（彩图 4-8）和木梁多跨石墩桥，如通道县黄都的普修桥是三跨伸臂式木梁石墩廊桥（彩图 4-9），三江程阳永济桥是四跨伸臂式木梁石墩廊桥（彩图 4-10）。

　　伸臂式木梁风雨桥现今还保存有一种特殊的分道复式桥，如三江县的岜团桥（图 4-37～图 4-39）和通道县的中步二桥是人畜分道的复式桥，即在桥身的一侧开设一条专用通道单独供家畜通行，为了让牛羊骚味及其粪便不影响到桥上休息乘凉的人们，而且便于主人照看自家的牛羊家畜，卫生且安全，专门设计布置的畜用通道比人用通道位置稍低，空间略小。

图 4-37 岜团人畜复式桥正面（摄自三江岜团）

图 4-38 岜团人畜复式桥的侧面

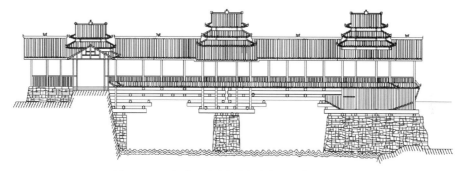

图 4-39 三江岜团人畜复式桥的立面图（作者自绘）

伸臂技术分为单向伸臂、斜撑伸臂和双向伸臂。

（1）单向伸臂式桥　以桥台为基点，采用多层木梁，每层水平挑出伸臂，逐渐往桥中心靠拢，每两层伸臂木枋之间的横木，起到联系分配受力到诸伸臂木的功能，能使伸臂伸出更远，更加坚韧有力。如果仅采用单向伸臂，则适宜于建造单跨桥梁，如湖南通道侗族自治县坪坦河上的永定桥（图 4-40 ～图 4-42）。

图 4-40 永定桥（摄自通道高团村）

图 4-41 永定桥侧立面图（作者自绘）

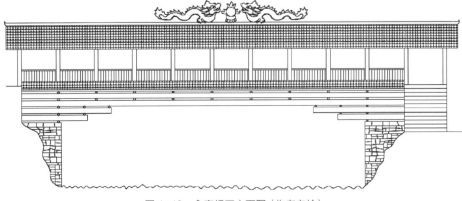

图 4-42　永定桥正立面图（作者自绘）

（2）斜撑伸臂式桥　自桥两端墩台一层层地挑出支撑木，挑出大仰角，形似八字撑架桥，将支撑木从桥底斜向支撑到桥面，提高桥梁的稳定性，让桥面过梁呈现连续性，扩大桥梁的跨度。通道坪坦村的普济桥是典型的斜撑伸臂式桥（图 4-43～图 4-46）。

图 4-43　普济桥近景图（摄自通道坪坦村）

图 4-44　普济桥桥跨内景图

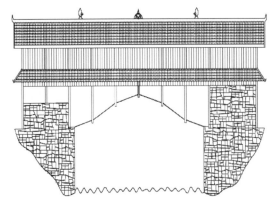

图 4-45　普济桥正立面图（作者自绘）

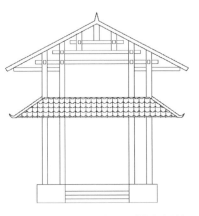

图 4-46　普济桥侧立面图（作者自绘）

普济桥始建于 1760 年，桥岸两端分别修建一个半空心石墩，撑木伸臂梁插进石墩里，取大石块弹压，撑木伸臂梁再叠压石块，一直到两边伸臂梁合拢 ❶。此桥为单孔穿斗式木构架伸臂悬梁廊桥，单孔跨度为 19.8m，桥长度为 31.4m，宽度为 3.8m。斜撑伸臂式桥建造工艺实为罕见，堪称"桥梁化石"。

　　（3）双向伸臂式桥　在桥墩上放置圆形杉木密排式的托架悬臂梁，采用上下两排，各排都使用 6 ～ 9 根巨大的圆形杉木，在它们两端头刻槽嵌入连枋联结为一整体，逐层自基座往外悬挑，一般向外悬挑 3 ～ 4m。将托架梁平放搁置于桥墩上不作任何锚固，起缩短上部桥中简支梁的跨度作用。桥中的简支大梁以巨大杉木连接成排，分上下两层，构造做法与托架梁相同。因梢径大小不等，排之间垫以木墩或垫片，使梁的上表面处于同一水平高度 ❷，见图 4-47 ～图 4-53。

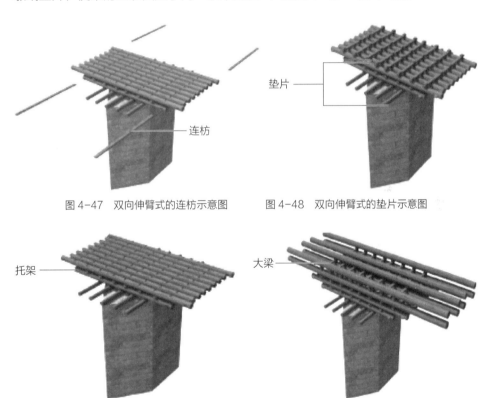

图 4-47　双向伸臂式的连枋示意图　　图 4-48　双向伸臂式的垫片示意图

图 4-49　双向伸臂式的托架示意图　　图 4-50　双向伸臂式的大梁示意图

❶ 刘洪波 . 侗族风雨桥建筑与文化 [M]. 长沙：湖南大学出版社，2016.
❷ 张复合 . 建筑史论文集：第 15 辑 [M]. 北京：清华大学出版社，2002.

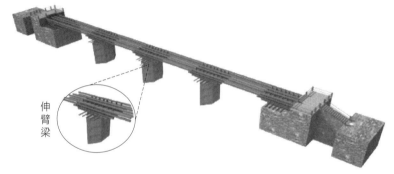

伸臂梁

图 4-51　双向伸臂式的桥跨示意图

图 4-52　双向伸臂式桥跨实图

图 4-53　双向伸臂式桥跨仰视图

相邻桥墩的净跨度约 20m 的大跨度桥梁，依靠的是伸臂木梁技术，伸臂木梁结构即以几层的木梁，每层递出伸臂以获得较大的跨度。

放置多条伸臂木梁在河中桥墩的顶部，且平行于桥长方向，从桥墩两边平衡地伸出，向相邻的桥墩逐渐靠拢的叠架伸臂木梁，构成多跨连续的双向伸臂木梁桥。双向伸臂木梁桥多使用宽大的桥墩墩面，以便托木伸出平衡伸臂梁，层层挑出承托承重主梁，跨度较大的主梁 ❶，成为既有刚性又有弹性的多支点连续梁。双向伸臂桥一般为多跨的长桥，其两岸端部一般使用单向伸臂，中间桥跨使用双向伸臂，如皇都村的普修桥，广西三江程阳永济桥（图 4-54）。

程阳永济桥桥墩跨度过大，大梁长度不够，多以杉木为主，且多为 40cm 中径杉，抗弯强度仅为 14m，而侗族山区河陡水急，竹木漂浮物多，为保证漂浮物不横阻桥墩，侗族匠师将墩跨设计为 17.3m。木柱的简支木梁桥，在其柱顶加上与木柱榫接的短木托梁，增加了木梁的承托点，使梁中弯矩稍有减少，还可以使木

---

❶　王效青 . 中国古建筑术语词典 [M]. 太原：山西人民出版社，1996.

柱在纵向有一定的稳定性。

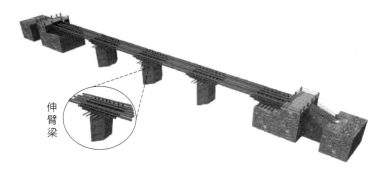

伸臂梁

图4-54　广西三江程阳永济桥的桥跨示意图

迴龙桥坐落于通道县坪坦乡平日村小溪河上，原名为龙皇桥，1761年开始修建，1931年维修复建，改叫迴龙桥。桥长度63.01m，桥面宽度3.86m，布设有22间桥廊，共三孔四墩。相邻两桥墩净跨达20 m，采用桥台上斜撑伸臂，桥墩处双向伸臂的结构，桥体使用伸臂梁木架和叠梁木架式相结合，科学巧妙地解决了桥体的净跨和分力荷载。桥拱净跨度约为19.4m，拱架两端以30°斜升3排圆枕杉木，逐层伸臂，齐桥面铺木板，桥身平面每间参差一分，成1°弧形，致使全桥向上游寨子环成20°弧，形成上平下拱状。迴龙桥独特的桥跨结构组合和弧形桥身目前在整个侗族地区是唯一的（见彩图4-11），为研究侗族地区的桥梁建造提供了宝贵的资料❶。

## 4.2.3　桥屋

风雨桥的桥屋常有桥廊和廊、亭结合的两种形式。

（1）桥廊　风雨桥的桥廊美观、实用、独具特色，一般桥面建设一层廊屋，用来围护结构，遮阳避雨挡风。桥廊常在横断面方向架设内外双四排柱，用以支撑桥廊保稳定。同时利用两侧柱间的间隙摆设长木凳，为行人提供乘凉、休憩、交谈叙事的场所（图4-55、图4-56）。现在，随着风雨桥需求功能的逐步改善，建造廊屋的造型也多种多样。

---

❶ 蒋卫平.湘西通道县侗族迴龙风雨桥的装饰艺术与文化特征[J].民族艺术研究，2012.

图4-55 牙现风雨桥的桥廊（摄自从江牙现） 图4-56 冠洞风雨桥的桥廊（摄自三江冠洞）

广西三江程阳永济桥桥廊共十九间，都为悬山顶，屋脊装饰具有象征"取水灭火"的鳌鱼，由于汉文化的影响，侗族人将"防火"的神灵鳌鱼装饰在建筑上，祈保侗寨平安（图4-57、图4-58）。

图4-57 程阳永济桥的桥廊（摄自三江程阳八寨） 图4-58 三江程阳永济桥的屋脊装饰

（2）桥亭 桥亭是建于桥墩上的重檐阁楼或塔楼，主要作用是增加美观度，同时在简支梁的端部加以重的垂直荷载，减少桥中大梁的弯矩，使优美的造型与合理的力学原理得以完美结合。歇山式的桥亭多用抬梁、穿斗混合式结构；重檐攒尖顶的桥亭通常采用穿斗式结构。中央桥亭的造型，檐数和复杂程度都优于两侧桥亭（彩图4-12）。

侗族风雨桥桥亭形式的变化丰富，有悬山顶、歇山顶、四角攒尖、六角攒尖、八角攒尖，不同形式组合又变化出多种形式。有单檐和重檐，桥亭一般是左右对称构建，双数桥亭两头一样。单数桥亭的中间较高，两头较低，即两头的桥亭楼顶形式相同，中间的略有变化。

如三江程阳永济桥有五座桥亭，分别为中央桥亭，两侧为东西台亭，桥基上为东西墩亭，中央桥亭等级地位最高，为六角攒尖顶，两侧台亭为四角攒尖顶，最外侧墩亭则为歇山顶，亭高随等级的变化依次降低（图4-59、图4-60），五座桥亭都为四角五重檐，且牛角般的飞檐高高翘起，灵动自然。

从江往洞镇增盈风雨桥的三座桥亭呈对称排列，中间桥亭高，为四角攒尖顶，两头桥亭低，为悬山顶（见彩图4-1）。

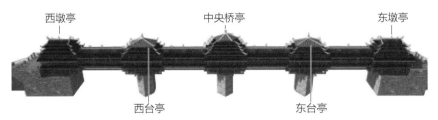

图4-59　三江程阳永济桥的桥亭布设示意图

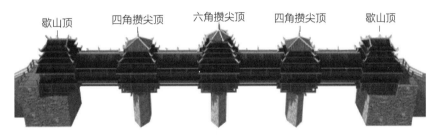

图4-60　三江程阳永济桥的桥亭屋顶示意图

通道横岭村风雨桥三座桥亭也呈对称排列，中间桥亭高，五层八角攒尖顶，两头桥亭低，为三层八角攒尖顶（见彩图4-5）。

（3）腰檐　腰檐是位于桥身两侧栏杆外边或侧下方设置出挑1m以上的披檐，也叫"偏瓦""偏下"，见彩图4-10。腰檐可避免雨水斜飘的侵扰，防止桥廊下部的木梁免受日晒雨淋，延长使用寿命，增加风雨桥外形飘逸俊俏之美，是侗族建筑适应当地气候条件的灵巧特征。

## 4.3　风雨桥的装饰

侗族风雨桥的美在于木结构建造的技术美，精巧装饰的工艺美，生活便利和休闲的功能美，环境融合的生态美，普适关怀、团结共享的精神美，民族传统文化真实积聚的文化美。

侗族风雨桥装饰注重桥亭造型，注重雕刻修饰木构件，雕梁画栋，添加檐泥塑摆件，漆封檐板或彩绘封檐板，添设廊内或栏外壁画等❶。

侗寨多数风雨桥以实用为主，表明装饰地方不多。装饰的方法技艺主要有木构件雕刻、泥塑装饰、涂漆彩绘、饰物悬挂等。比如风雨桥桥廊瓜柱的底部雕刻成垂花柱，梁与枋的伸出部分做成卷云雕饰，桥屋的屋顶中央位置泥塑制作成二龙抢宝或两凤护花，封檐板上彩绘侗族人物和花草动物图案，廊柱枋梁全部使用朱漆涂刷，桥亭内绘制有侗族风俗壁画❷。

三江程阳桥飞檐，重檐向上逐层缩小，如宝塔，形似鼓楼。侗族人将桥亭修建成如此模样，表示风雨桥的地位非凡。桥亭上具有众多侗族风情的装饰。如饰有飞鸟，侗族人认为鸟为其衔来谷物，带来希望与丰收，因此自古敬鸟、爱鸟，并将鸟作为图腾，刻飞鸟于此，寓意丰收兴旺（见彩图 4-13、彩图 4-14）。

通道皇都普修桥两端的桥亭也属于桥门，是二重檐庑殿顶，门檐下面悬挂一对灯笼，桥门口左右两边布设有一对泥塑狮子，桥廊的正脊装置泥塑二龙抢宝。桥亭的顶部布设有葫芦宝顶，用泥塑神鸟、鳌鱼、花草等装饰垂脊檐角。中间桥亭最高，是八角攒尖顶，宝顶上塑有一只鸟。廊桥第一层屋面泥塑有一对石狮。桥廊两侧檐柱和栏板涂朱漆和绿漆，以通长直棂窗格封闭，封而不死，通光透气，在里面休息或行走都清朗舒爽。封檐板刷白底绘花、草、虫、蝶❶（见彩图 4-9、彩图 4-15 ~彩图 4-17）。

普修桥的桥亭里面把侗族村寨的神庙建到了桥内，然而，这些神庙的设立在坪坦村是另有专门建筑。普修桥中悬挂有造桥功德榜单与祝贺的字画。现在整座桥廊的外面都布设安装有发光彩带，装饰豪华绚丽、气氛热烈，具有鲜明的民族风格特色，是侗族风雨桥装饰的杰作❷。

桥廊中悬挂有一幅变字牌匾，正看显示出"挹芳揽胜"、右侧看显示出"云霞

---

❶ 汪峥.侗族建筑装饰艺术研究 [D].厦门：厦门大学，2018.

❷ 曹万平.侗族民间美术研究 [D].长沙：湖南师范大学，2017.

波光"、左侧看显示出"民族芳躅"（见彩图 4-18 ~ 彩图 4-20），三江县程阳八寨的普济桥也有类似牌匾 ❶。

## 4.4 风雨桥的功能

侗族的"三大瑰宝"是鼓楼、风雨桥、侗歌大歌。在河流密布的侗族山区，建有数座风雨桥，以满足生活与交通的需要。风雨桥还有丰富的文化隐喻，样式丰富、工艺复杂、装饰讲究、情调有趣。

### 4.4.1 使用功能

侗族风雨桥多建于寨旁和河道之上，可以走山过河、遮风挡雨，供田野劳动的村民与往来的旅客避雨歇息，炎炎烈日下为童叟阿婆提供纳凉、休息、娱乐的场所，也是侗族人迎接宾客的重要地方。如地扪村风雨桥旁顺河又建立起一大排"廊桥"，是村民的活动场所，也是一座图书馆（见彩图 4-21、彩图 4-22）。

风雨桥具备造型独特、结构科学的技术美。风雨桥以杉木为主要材料，使用接榫与悬柱结构，柱与枋横穿、直撑、斜挂，严谨且稳固。整座桥梁不使用一钉一铆，大小条木纵横交错、疏密有致，亭廊相连，浑然一体，对称统一。风雨桥具有廊亭楼阁相结合的艺术美，是集桥、亭、廊三者融合一体的复合体，檐角形态均向上翘起，用扁铁弯成弧状钉于梁角上，仿佛龙爪弯曲向上。

### 4.4.2 祈福功能

风雨桥发挥着祈福、聚会、个人感情放松等精神作用。

侗族人民安定团结、热爱公益事业，是风雨桥建造的重要社会意识和原动力，促使他们群策群力，聚沙成塔，锲而不舍世世代代修建桥梁。侗族风雨桥在历史变迁中屡毁屡建，仍能保留至今，是桥梁工程的奇迹，也是我国传统木构建筑在侗族地区发展、创新的璀璨实例，是侗族文化的瑰宝和灵魂。

---

❶ 曹万平.侗族民间美术研究 [D]. 长沙：湖南师范大学，2017.

# 第5章
## 侗族寨门、戏楼

## 5.1 寨门

门有防卫、界定空间、装点建筑、显示地位的作用。以前的侗族村寨寨门紧靠寨子，使用土垒成栅栏，或用木头搭建围住村寨，连接和关闭寨内、外的通道，防御匪患、抵御外侵。如今寨门的防御作用已逐渐消失，但仍传承寨子的精神和文化，起装饰作用。寨门是一种木结构形式的牌坊，只有门框，没有门扇，兼作进出寨子的歇脚点，也是侗寨的标志性建筑之一。

侗族寨门按照形体的大小，分为 4、6、8、12 或 16 根立柱围成。寨门多数独立建造，也有的与其他的建筑物联合建造。寨门顶部和鼓楼的宝顶形似，有两坡顶、攒尖顶、歇山顶等，有的寨门屋顶下端有同样有斗拱装饰，甚至在大一点的寨门之中，宝顶下部还有层层的重檐，像极了鼓楼。寨门基本上分为 2 扇，全木构，也有没有门扇的，这种寨门所起到的作用是为了表明界限。寨门的修建十分考究，并且与其相接的地面铺装也基本是经过认真考虑的。一般用鹅卵石铺设而成，同时也能够展现本寨实力以及风貌，所以受到重视。

### 5.1.1 寨门的种类

根据通往侗寨路口的多少或村寨规模大小，常有独个寨门或两个寨门或前、左、右三个寨门或前、后、左、右四个寨门。依照存在形式分为牌楼式、厅堂式、亭阁式、屋宇式、简易式、寨门鼓楼组合式、寨门风雨桥组合式等。以前的简易式寨门发展到现在的牌楼寨门，体现了侗族人民追求寨门实用功能，也展现寨门的象征功能 ❶。

（1）简易式寨门　简易式寨门的体形小而简单，有大门式和木棚式，早期侗

---

❶ 曹万平 . 侗族民间美术研究 [D]. 长沙：湖南师范大学，2017.

寨的老寨门多数是简易式，距离村寨较近。到现在为止，这些老寨门多数被拆毁、废弃，已经成为历史，仅有少数遗存。如黎平堂安现还遗存有简易式寨门（图5-1～图5-3），通道芋头村上寨石板路上有一座双坡顶的小寨门 ❶。

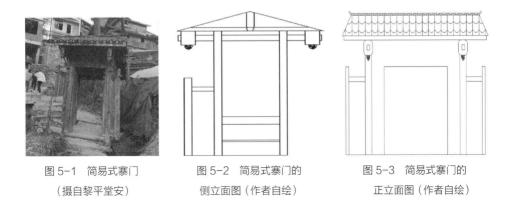

图 5-1　简易式寨门　　　　　　图 5-2　简易式寨门的　　　　　图 5-3　简易式寨门的

　（摄自黎平堂安）　　　　　　　侧立面图（作者自绘）　　　　　正立面图（作者自绘）

（2）厅堂式寨门　厅堂式寨门一般有左右对称的厅堂，屋顶正面一侧做成三阙式，除了门洞，其余地方是全封闭或半封闭的，如三江程阳八寨中门（见彩图5-1、图5-4、图5-5）。

（3）亭阁式寨门　亭阁式寨门形似一座亭，较为高挑，平面近方形，道路穿亭而过（图5-6、图5-7）。

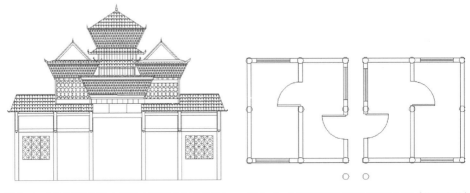

图 5-4　三江程阳八寨中门的立面图（作者自绘）　　图 5-5　三江程阳八寨中门的平面图（作者自绘）

（4）屋宇式寨门　屋宇式寨门具有较为完整的屋宇形式，外形接近民居，在屋宇基础上创造大门的结构和门脸，一般接近方形，是楼内空间相对较大的寨

---

❶ 曹万平.侗族民间美术研究[D].长沙：湖南师范大学，2017.

门，如横岭侗寨的寨门，较大的屋宇式寨门因为就在寨中，里面空间大，做半封闭处理，是夏天乘凉和冬天烤火的好地方，与鼓楼功能差不多，也视为鼓楼，见彩图 3-5。

图 5-6　亭阁式寨门（摄自黎平堂安）

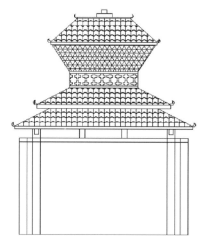

图 5-7　堂安亭阁式寨门立面图（作者自绘）

（5）牌楼式寨门　牌楼式寨门主要是建造牌坊造型，外形接近牌坊而不是房屋，常建三个开间，中间作出入的门洞。如今，新建的寨门主要以牌楼式寨门为主，实质上是木质结构的牌楼（见图 5-8、图 5-9，见彩图 5-2 ~ 彩图 5-5）。

图 5-8　大利村牌楼式寨门（摄自榕江大利）

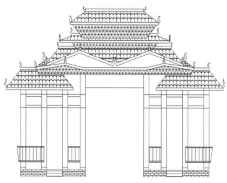

图 5-9　大利村牌楼式寨门的立面图（作者自绘）

（6）寨门风雨桥组合式寨门　寨门风雨桥组合式寨门既作为寨门也是风雨桥，也就是风雨桥架修在穿过寨子溪河两岸，或者架修在村寨旁经过的溪流两岸，如通道红香村寨门（图 5-10 ~ 图 5-12）。

（7）寨门鼓楼组合式寨门　寨门鼓楼组合式寨门就是寨门和鼓楼连接一起建设，有些把鼓楼下面当成寨门，有些于鼓楼旁边配建门楼当作寨门，使鼓楼与寨门都具有使用功能的独立空间。如横岭村的三座寨门既是屋宇式寨门也是鼓楼寨门（见彩图3-5），鼓楼的活动空间和作为寨门的通道是独立的。

图5-10　组合式寨门（摄自通道红香村）

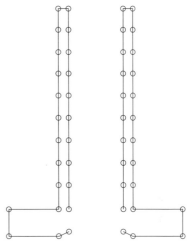

图5-11　红香村组合式寨门的平面图（作者自绘）

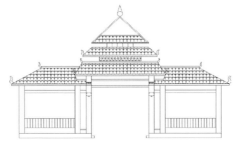

图5-12　红香村组合式寨门的正立面图（作者自绘）

寨门的建筑材料多数为木材或石材，现代建造的寨门也有用混凝土，造型繁多。建造时借用鼓楼的重檐元素、鸟兽雕塑装饰、屋面小青瓦遮盖，展现对称和谐、独特朴素和稳定规范之美。

## 5.1.2　寨门的装饰

寨门是侗寨的第一形象，体现一村风貌，从以前的实用防卫性转为装饰性，因此侗寨特别重视打造寨门。新建的寨门一般为三间，多采用歇山品字形楼顶或方形攒尖顶布置，多做有"脖子"的楼冠加泥塑，檐下采用斗拱装饰，望板常彩绘，檐角作反翘处理，整体风格繁缛华丽（见彩图 5-6、彩图 5-7）。建筑技术和装饰手段与鼓楼、风雨桥类似。近几年新修的木构寨门设计和做工讲究，离寨子较远，寨门已无防卫功能，全部都见不到门扇，实际就是木牌坊❶。侗族寨门木结构建筑是注重装饰的公共建筑，集中展现了木结构建筑的建造技艺、绘画技艺、民间雕塑技艺，集中展现了木结构的多种屋顶造型形态。寨门使用榫卯、斗拱等传统木质结构的制作技艺，配彩绘、泥塑、民族织锦、悬挂匾额等装饰手段。侗族寨门本身是一道美丽的民族特色风景线，同时与村寨、山水、保寨林、鼓楼、民居、风雨桥等交相辉映，是一种民间村寨环境空间艺术，为侗寨增光添彩。

通道皇都侗寨的新寨寨门是一座年代较久远的老寨门，如彩图 5-8 所示。寨门位于入寨阶梯的半坡上，17 级青石板石阶从坡脚铺至寨门前，门后也是青石板砌的石阶，坡道两侧种植有修剪整齐矮绿篱各一行。三间一开的悬山顶门楼，中间开门，左右两边为反八字影壁，门脸为三阙二重檐庑殿顶，顶檐正脊中间置一宝顶，檐下为红漆斗拱，下檐两头悬挂红灯笼一对。中槛上设有两枚门簪，横披前、中槛上挂有一块刻有"里仁为美"金字黑底匾额。寨门柱下垫着三层组合式石雕柱础，上面两层有浅浮雕装饰，上层为扁平的圆鼓形，中层为较高的八棱柱形，下层为扁平的六棱柱形。瓦当、封檐板、檐角起翘及各脊侧边刷白，与斗拱的红色、柱子的黑色、屋面小青瓦的灰色对比强烈。寨门上部以黑色为基调被亮白色打破，下部黑色基调中以多种颜色点缀，整体呈现稳重又有些活跃，色彩深沉而不沉闷。寨门象征龙头，门前两侧水池象征龙眼。寨门精巧别致，著称侗寨老式小寨门中的经典之作❶。

"侗族琵琶歌之乡"黎平尚重寨寨门，是目前规模最雄伟最大的侗寨寨门之一，长 17.334m，高 13.888m，进深 2.548m，总投资 32 万元。门楼顶为六层重檐，修建有五鼎宝塔，象征着六畜兴旺、五谷丰登。正面门楣上雕刻镶嵌着烫金的"尚重"两个大字，背面门楣上雕琢着彩色的"双龙戏珠"雕画，形象生动，栩栩如生，两侧门柱上镌刻着两副黑底金字对联❶（见彩图 5-9、彩图 5-10）。

---

❶ 曹万平 . 侗族民间美术研究 [D]. 长沙：湖南师范大学，2017.

### 5.1.3 寨门的功能

寨门修建于村口，古代寨门可抵御外敌的入侵，阻止家养的禽畜外出毁坏庄稼。现代寨门是先导性建筑，门楣上标示村寨名称，吸引客人探寻村寨空间，具有标志功能，同时还具有礼仪、美化、昭示和教化功能。寨门是侗族拦路迎宾送友、叙别问候之地，是村寨之间、村民与客人之间文化交流之门，是展现侗族拦路歌、劝酒歌、芦笙舞、耶舞的场所，是侗族村寨乡土建筑中具有民族特色的公共建筑之一。

寨门是侗寨浓厚文化进出、展现、交流的地方，即侗寨文化的瓶口。多数寨门是村民共力打造，体现村寨的富庶与团结。寨门内部的匾额、对联、功德榜等，熏陶和告诫出入侗寨的人们要团结、奋进、仁义、讲气节、积德行善等。

## 5.2 戏楼

侗族老戏楼讲究实用，由于侗戏重唱而轻舞台动作，因此其规模体量小，造型简朴。现代侗戏舞蹈动作多且力度大，需求的场所也大，因此，现代新建戏楼更大，成为侗族一种标志象征性建筑，更加重视装饰形象和视觉效果。

### 5.2.1 戏楼的种类

戏楼为了能有足够大场地看戏，常建于鼓楼的对面或侧面，充分利用鼓楼坪来满足看戏的场地要求。戏楼一般布设有侧台、前台和后台等。侧台体量小、高度矮，往后退建设；前台突出建设，体量高大，宽敞明亮，有封闭式和露天式。常为干栏式，底层堆放闲杂物品或做准备间，上层为戏台演戏用 ❶。

#### 5.2.1.1 楼体形式

戏楼根据建筑形式可以分为亭阁式、戏院式、楼宇式、鼓楼组合式。

（1）亭阁式 三江冠洞村的小戏楼为三重檐歇山顶的亭阁式戏楼。岩洞镇的竹坪、述洞戏楼也是亭阁式戏楼；黎平地扪村的老戏楼是攒尖顶二重檐亭阁式（图 5-13 ~ 图 5-16），地扪村现在又加建了一座回廊式的对称形大戏楼，楼前配

---

❶ 梁燕敏.中国建筑的传统风格与民族特色探析 [M].北京：中国纺织出版社，2018.

置一块大型广场，彰显大气磅礴 ❶。

（2）戏院式　高近戏楼也是一座古老经典的戏院式戏楼，二重檐歇山顶，配建看戏的厢房，厢房与戏楼属于吊脚楼，戏楼对面看台是石板铺砌的台阶，中间为颇有民族特色的四合院看戏坪（图5-17、图5-18）。

图5-13　地扪老戏楼近景图（摄自黎平地扪）

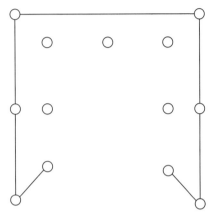

图5-14　地扪老戏楼的平面图（作者自绘）

图5-15　地扪老戏楼的正立面图（作者自绘）

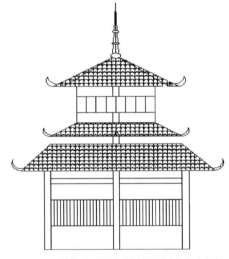

图5-16　地扪老戏楼的侧立面图（作者自绘）

位于通道县张里侗寨的张里戏院，1594年开始建造，1671年复建，为古老的一座四合院戏院，有正门、东西两侧门，当地又称"三圣庙"。戏院由戏楼、厢房、大殿围合成天井状，戏台和厢房位于二楼，一楼是闲置空间，天井镶砌鹅卵

---

❶　曹万平. 侗族民间美术研究 [D]. 长沙：湖南师范大学，2017.

石，庭院四周用青砖围砌 ❶ 。

图 5-17　高近戏楼（摄自黎平高近村）

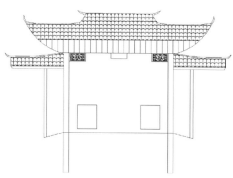

图 5-18　高近戏楼正立面图（作者自绘）

（3）楼宇式　黎平肇兴仁团戏楼是楼宇式戏楼，建有两层，戏台位于二楼中间，二楼两边的房间为演员换衣服、休息之处，一楼供村民夏天乘凉或冬天烤火（见彩图 5-11、彩图 5-12，见图 5-19 ～图 5-22）。

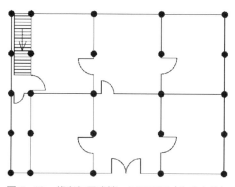

图 5-19　肇兴仁团戏楼一层平面图（作者自绘）

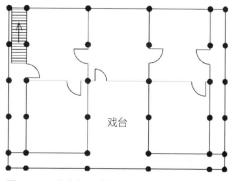

图 5-20　肇兴仁团戏楼二层平面图（作者自绘）

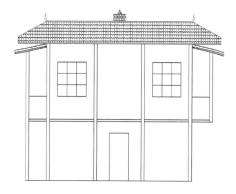

图 5-21　肇兴仁团戏楼正立面图（作者自绘）

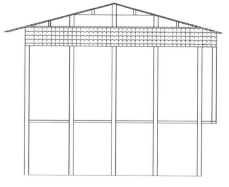

图 5-22　肇兴仁团戏楼左立面图（作者自绘）

---

❶ 曹万平 . 侗族民间美术研究 [D]. 长沙：湖南师范大学，2017.

三江县八协村的八协戏台建有两层，戏台下面一层设置一厅堂，供村民夏天乘凉或冬天烤火（见图5-23）。龙胜县地灵村的下寨和上寨两座戏楼都是楼宇式戏楼。从江小黄侗寨戏楼也是楼宇式戏楼（见图5-24）。

图5-23　八协戏楼（摄自三江八协）　　图5-24　小黄侗寨戏楼（摄自从江小黄侗寨）

（4）鼓楼组合式　通道皇都侗寨的广场上建设有戏楼，戏楼前面配置有露天戏台供表演，宽大广场就是看台，戏楼作为换衣准备间见彩图5-13。通道县横岭村的新建的戏楼，是鼓楼与戏楼融为一体的建筑，见彩图5-14。

黎平县堂安村戏楼在鼓楼正对面，作为看台的鼓楼坪与戏台中间有一水塘，是独特的看戏模式，远观而不可近看（见彩图5-15、彩图5-16）。

### 5.2.1.2　楼顶形式

按楼顶形式来分，戏楼有攒尖顶、歇山顶、悬山顶、庑殿顶、盘顶、盔顶。例如横岭村部旁边的新戏楼就是密檐式攒尖顶，坪坦村戏楼是歇山顶和悬山顶勾连搭屋顶。黎平述洞戏楼建在独柱鼓楼旁边，为三重檐四角盔顶。

## 5.2.2　戏楼的装饰

戏楼装饰较简单，有不同于民居的楼顶形式，有与鼓楼和风雨桥相似的造型，如泥塑、绘画、木雕等装饰。老戏楼多数较素洁，少数做些许装饰，但地扪老戏楼装饰较为讲究，鼓楼造型的楼顶，屋面有二龙抢宝泥塑，戏台左右门框和门楣有松枝龙凤图案彩绘。通道阳烂戏楼戏台门楣上绘有侗族特色的芦笙、侗笛、鼓、锣、琵琶等乐器，中槛上写有"百花齐放"并以花卉纹簇拥，封檐板和雀替也有花卉图案彩绘，都是白底黑形的图案，唯有用了黄漆填色，是村民自己动手做的装饰，质朴真切。

现代新修建的戏楼外形更加雄伟俊俏，戏楼屋顶形式变化更加丰富，装饰更加精美，见彩图 5-17。

### 5.2.3  戏楼的功能

侗族村寨的戏楼仍然以表演侗戏为主，侗戏是侗家儿女的精神食粮，以活态传承方式宣传侗族传统文化，增强民族认同感。戏楼是村寨之间文化交流之地，是寨内群众自娱自乐、自编自演节目之处，是村民生活乐趣、情感记载和提升民族文化凝聚力的重要场所，是侗族社会传统文化抚慰人民、维系老百姓精神的归属，是侗族文化演绎与历史见证的标志。戏楼作为侗族文化的容器、娱乐方式的载体，反映了侗族的精神状态和文化特点，是保持民族文化艺术传承和记忆的重要载体[1]。戏楼的利用频率比鼓楼和风雨桥少，除了一些节日节庆活动和春节期间唱些侗戏外，多数时间都是空闲的。现在旅游发展较好的侗寨平时也有侗戏表演，展现侗族传统文化，吸引游客。

---

❶ 曹万平.侗族民间美术研究 [D].长沙：湖南师范大学，2017.

# 第6章
## 侗族祭祀建筑

## 6.1 宗祠

明清时代，清水江是侗族通江达海、交通运输、商贸往来的唯一通道。清水江的下游沿岸盛产的木材、茶油、生漆、桐油、药材等产品，每天连续地沿江运往湖南、湖北、上海等地，而布匹、食盐等百货也用船舶从湖南沿清水江而上，运进黔东南转运到贵阳省城。湘楚文化、岭南文化、中原文化的传播、输入、吸纳、交流和中原商人、艺人的进入，使清水江沿岸的侗族人民打开眼界，为山区经济注入活力，这是清水江下游沿岸侗村寨宗祠文化兴盛的基础条件。天柱、锦屏二县的宗祠以临江一线规模最大、最为密集，建筑最壮观，款式、构造和功能与湘楚及江浙一带的宗祠大致相同❶。宗祠所处村寨一般靠近清水江，或者在水土丰沃的大田坝，是过去交通、经济、教育相对发达的地方。

宗祠不是每个村寨都有，某些宗族为了发扬家族名声，团结壮大家族，由拥有威望的族人带头修建，或为了纪念政界、军界要人而组织建造。

北侗地区受到汉族文化的影响，留下了大量的宗祠，其中以天柱、锦屏居多。天柱县一共保留古宗祠 100 座左右，保存较为完整的有 50 多座，其中国家级文物保护单位 2 座、省级 2 座、州级 19 座、县级 27 座。天柱因此被称为"西南地区的宗祠文化宝藏"。其中最有名的宗祠是三门塘的刘氏宗祠、新舟宋氏宗祠、白市杨氏先祠、远口吴氏总祠、新舟吴氏宗祠等。

### 6.1.1 宗祠的建筑格局

宗祠（家祠）以建筑为主，是集建筑、绘画、雕塑、工艺为一体的民间艺

---

❶ 袁显荣. 清水江下游的家祠文化 [J]. 杉乡文学，2012，(5)：67.

术，表现在建筑布局、结构处理、工艺制作、装饰设计、楹联书法、风水选择上，以天柱境内清水江沿岸村寨的建筑艺术水平最高。宗祠建筑以四合院形窨子屋为基本形式，四面封围高大的封火墙，上盖马头墙檐，正面有雄伟的三出牌楼式门墙、门额和墙头装饰壁画、浮雕、匾额，门墙也是装饰最精心最集中之处❶。

建筑外围多采用砖墙，内部使用木质结构。一般外部砖墙都超出墙内部的木质结构，砖墙高度数丈不等，建造三到四级马头墙翘角。围墙采用专制的"三六九"砖，即厚三寸，宽六寸，长九寸，较现代用砖厚实宽大。修筑高墙用于防御、防火，保护内部木质结构，增加建筑气势，彰显宗族权威❷。

（1）牌楼　牌楼建于宗祠正面，是整个宗祠建筑最重要、最精心装扮的地方，装饰精致华美，高度为 10～15m，二至三级重檐装饰，常常配该姓氏历史故事或历史著名人物的浮雕或彩绘。天柱县远口镇吴氏总祠的牌楼最典型，布设成左、中、右三间，呈八字形展开。牌楼上的图案由许多人物花鸟等立体塑像组成，多姿多彩，栩栩如生。牌楼上画幅有"吴举子拉箭"等吴氏故事，有天仙配、文王访贤、云长出关、罗通扫北、太君辞朝、八仙过海、司马迁写史记，屈原赋《离骚》、天女散花、嫦娥奔月等著名历史故事与传说❷。

大门位于宗祠牌楼的正面下方，根据规格等级在大门上方横排阴刻"某氏总祠""某氏先祠""某氏宗祠""某氏分祠"四种。这些祠名一般刻在一块巨大的青石板上，镶嵌在牌楼石库门上方（彩图 6-1、彩图 6-2）。

（2）宗祠的内部结构　宗祠内部结构通常分为门楼、外厅、中厅、正厅、厢房、耳房等部分，用木构分隔成两进三间或三进三间，高度一层或两层。第一进一般为过道，祠内多设置有采光的天井。第二或三进用于举行宗族活动和祭祀活动，各座宗祠的核心部位都是正殿神龛，也是雕饰的重点。神龛、厢房、厅堂、戏楼，每柱贴有对联；房顶与抬梁都有人物花鸟彩绘；各室建在台基或柱础上以利防潮，厢房与窗棂有镂刻或浮雕，在此，每一木和每一枋均为艺术品，充满文化内涵❷。

---

❶ 湖南省文物局 . 湖南文化遗产图典 [M]. 长沙：岳麓书社，2008.
❷ 袁显荣 . 清水江下游的家祠文化 [J]. 杉乡文学，2012，（5）：67.

第 6 章　侗族祭祀建筑　127

### 6.1.2 侗族典型宗祠

#### 6.1.2.1 天柱县白市镇杨氏先祠

杨氏先祠坐落于天柱县白市镇街边的清水江河岸上，1797 年开始修建，坐西朝东，四面高墙，呈四合院组合形式，宽度 20.53m，进深 36.30m，占地面积为 1719.4m²，建筑面积为 745.2m²。由牌楼、外墙、戏楼、中厅和正厅组成，见图 6-1、图 6-2。

图 6-1　白市杨氏先祠（摄自天柱白市镇）　　图 6-2　白市杨氏先祠屋顶平面图（作者自绘）

（1）牌楼　宗祠牌楼正面壁上，古装古色，雕刻、彩绘的人物形象栩栩如生，大门两侧布设有颈带铜陵、口衔珠宝、脚踏绣球的石狮子，宗祠旁边石碑上的字迹经受几百年的风雨侵蚀，有些模糊不清。牌楼正中下为大门，用 4 块巨青石围砌而成，两边立柱高 3m，宽 44cm，厚 46cm。门上巨青石板横额刻有"杨氏先祠"，其上竖写"弘农郡"三字。两侧墙壁各塑"忠""孝"二字，大门石柱上写有对联，见彩图 6-3 所示。

（2）内部结构　宗祠内部由三栋木质结构主楼组成，为三进式四合院组合。

第一进是门楼和木结构的戏楼，一楼一底，底层为前厅兼通道，二楼为戏台，面积约为 20m²，戏台中间顶部为直径约 3m 宽的五层喇叭形藻井，自下而上逐层缩小（见彩图 6-4，图 6-3、图 6-4）。戏台木枋上刻有山水人物花草图，大方精致，戏台上面写有"百花齐放"，戏楼屋面为悬山顶，覆盖小青瓦，四角飞檐，戏楼屋顶两檐角为腾龙。戏台后面装木壁，两侧设置门进出后台、更衣室和道具室等。壁后布设有跑场通道，以便戏剧化妆与上下台。戏楼两侧是厢房，均为二层结构，二楼为吊脚廊柱二柱落脚，都是万字格花窗，美观精致。厢房背靠山墙，左右两厢房对称，上下层都用木板装修，每个房间都设有窗户采光。厢房靠近戏台一端布设有楼梯通往戏台主廊，相互连通。戏台与两侧厢房之间各留有一个小天井，面积约为 20m² 。天井底平铺砌有鹅卵石❶。

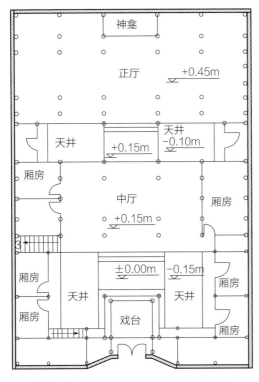

图 6-3　白市杨氏先祠平面图（作者自绘）

图 6-4　白市杨氏先祠内景（摄自天柱白市镇）

第二进为宏大中厅，面积约为 150m²，六扇五开间，两侧靠近山墙的两扇均为五柱，屋面为硬山顶，覆盖小青瓦。两侧厢房一楼用木板装修。正中两扇是四柱，中柱用以四层抬梁代替，见图 6-5，每抬梁之间有雕花厚木驼峰支撑并作装饰，使中厅具有宽大的空间，方便看戏或聚会时使用，见图 6-6。

第三进为正厅（正殿），从中厅到正厅的通道，上布设悬山屋顶，盖小青瓦，纵向架梁。屋檐与正厅相连接，架立二根柱，与中厅二根檐柱穿榫连接，构成整体，成为中厅通往正厅的过道。过道靠墙两侧各建有对称的耳房一间，两层楼，吊脚廊柱，单面倒水。通道和耳房间布设有两个小天井，每个约 10m²。

❶　袁显荣.清江祠韵 [M].北京：大众文艺出版社，2005.

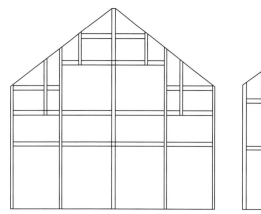 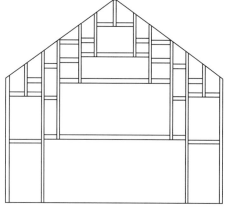

图6-5 杨氏先祠中厅山墙两扇的剖面图（作者自绘） 图6-6 杨氏先祠中厅中间四扇的剖面图（作者自绘）

正厅（正殿）六扇面阔五间，山墙的两扇均为七柱，屋面为硬山顶，覆盖小青瓦。正中两扇是六柱，中柱用四层抬梁替代，见图 6-7、图 6-8。

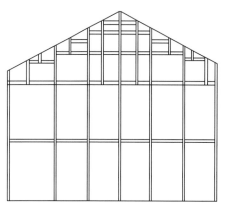 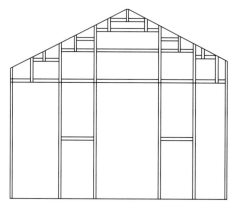

图6-7 杨氏先祠正厅靠山墙两扇的剖面图 图6-8 杨氏先祠正厅中间四扇的剖面图（作者自绘）

正殿里原来设置有八座神龛，现在仅保存一座精雕细刻神龛，这座神龛高5.6m，宽 3.87m，砖石结构，三层檐五间。先祖之位两旁彩雕蛟龙缠柱。整个神龛雕画相间，内涵丰富，色彩斑斓，见彩图 6-5、彩图 6-6。

#### 6.1.2.2 天柱县远口镇吴氏总祠

天柱县远口镇吴氏总祠，是为了纪念南宋理宗嘉熙时的吴盛而修建，吴盛曾官任云南大理寺丞，由于宦海险恶，在理宗淳祐年间，携妻儿家眷由湖广潜入苗疆远口安居。远口吴氏后代为供奉吴盛，集数万众修祠以纪念此公 ❶。

---

❶ 贵州省作家协会，黔东南州作家协会 . 人文天柱 [M]. 北京：大众文艺出版社，2011.

远口吴氏总祠前临清水江，四周风火墙。始建于 1710 年，扩建于 1736 年，1937 年维修，1988 年再次维修。2013 年，由于电站建成蓄水，此祠依旧按照原模样复建，往后山平地搬迁。祠堂坐南向北，占地面积 1169m²，建筑面积 980m²。总祠外环砖墙，内为木质结构，面宽 23.96m，进深 53m。见图 6-9、图 6-10。

（1）牌楼　牌楼为三壁五面组成，左右两壁对称；中壁三面是主体，为三级三檐，正面通高 11.61m，宽度 3.92m。二级通高 9.56m，三级通高 7.46m。二、三级为斜面对称，前伸 2.88m。牌楼正面下方是高度 3.28m，宽度 1.72m，厚度 0.45m 的大门，大门置于吴盛像下面，门楣、门框、门槛均系青石，门为双扇钉有铁皮的木门，见彩图 6-7。大门两边有 4m 高的大青石横刻的楷书"吴氏总祠"，门两旁有门枕石一对，上有花饰。祠门前有九级石梯，面刻有三个鲤鱼共有一个鳃，此处也成为远口吴氏总祠的标志。

图 6-9　远口吴氏总祠全景图（摄自天柱远口镇）

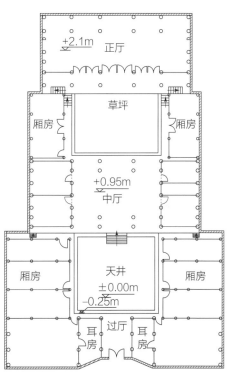

图 6-10　远口吴氏总祠平面图（作者自绘）

（2）内部结构　吴氏总祠为三进组合结构，由牌楼、外墙、天井、厢房、耳房、中厅和正厅组成，见图 6-10，彩图 6-8。

第一进为门楼和一正方形天井，全用细凿青石铺砌，天井两侧东西厢房一楼一底，楼上设有栏杆，圆柱葫芦形，整齐美观。

第二进为中厅，从天井登五级台阶，为中厅所在，六扇面阔五间，靠近山墙的左、右两扇都为七柱，屋面为硬山顶，覆盖小青瓦，正中两扇是四柱，中柱用四层抬梁替代。梁柱采用高大笔直的老杉，柱柱通顶，雕刻"双凤朝阳""蝶鸟飞舞"等图案。柱脚为高一尺有余的鼓形石柱础，镌"麒麟献宝""鸳鸯戏水"等浮雕，两旁各有两间是宿舍，见图6-11～图6-14。

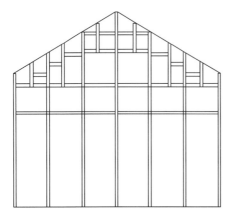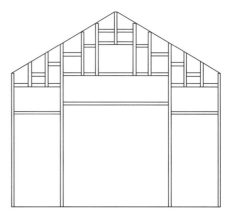

图6-11 吴氏总祠中厅靠山墙两扇剖面图（作者自绘） 图6-12 吴氏总祠中厅中间四扇的剖面图（作者自绘）

图6-13 吴氏总祠中厅内景（摄自天柱远口镇） 图6-14 吴氏总祠中厅柱础（摄自天柱远口镇）

第三进为正厅，是一座一连五间的高大房屋，无楼，正厅六扇面阔五间，山墙的两扇均为七柱，屋面为硬山顶，覆盖小青瓦。正中两扇是四柱，中柱用抬梁替代（见图6-15、图6-16）。正厅安装有六扇雕刻花鸟人物的木门。门前小天井，配草坪。天井两侧为厢房，两层楼，都是斗壁镂空花窗。厅内靠后墙处，并立五座雕有人物故事、花卉草木、飞禽走兽的彩殿，供奉吴氏祖宗牌位。梁上悬挂匾额。

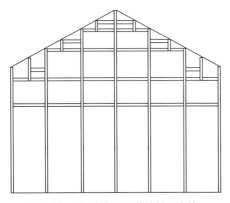

图6-15 吴氏总祠正厅靠山墙两扇的
剖面图（作者自绘）

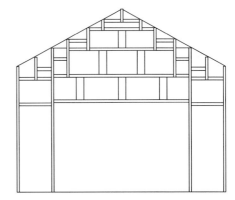

图6-16 吴氏总祠正厅中间四扇的
剖面图（作者自绘）

### 6.1.2.3 天柱县坌处镇三门塘刘氏宗祠

三门塘的刘氏宗祠始建于乾隆年间，扩建于1933年（民国二十二年），是为了纪念被诰封为"昭勇将军"的刘旺而兴建。天柱县远口镇三门塘的刘氏宗祠（彩图6-9），是一座中西合璧的哥特式古建筑。刘氏宗祠坐北朝南，面宽12m，进深14m，最高点12.5m，建筑面积320m²。

（1）牌楼 刘氏宗祠正面牌楼就像一座教堂，也类似澳门大三巴的外观。牌楼呈六柱五间，四棱宝塔式假柱，假柱底不接触地，大门左右两侧对称布置三根假柱，所有假柱的第一节都用两线状交叉成棱形进行装饰，中间柱的第二节装饰有中国结浮雕，第三节接近顶部各雕刻有一行凸出字母组成一副对联（图6-17）❶。

---

❶ 每行十一组字母，上联为：HN OA CK PR ON NC FL TY EL VH UA，下联为：UA PR TN BL CV HO UT NA VL EO CH。

宗祠两侧山头墙上方也雕刻有两行字母，左右不对称，左侧五组字母分别是：TH UN AP OV IL，右侧七组字母分别是：HU NA PR OV IC BL KE。牌楼第三层墙柱和瓜柱上的四组神秘的字母，至今数百年没人能解释。

每根墙柱像竹子一样分节，各节都突出墙面约 0.3m。中间的明间与次间都设成四层，两边的梢间为三层。牌楼正中底部是宗祠大门，由四大块雕有万字格图案的青石围成，高 3.1m，宽 1.72m，门框厚 0.45m，见图 6-18。

牌楼及两墙壁脊上置有工艺精湛的植物与动物浮雕。牌楼上的中国结与两个时钟，细而高的哥特式花窗装饰着中式的盆景鸟兽，是中西文化的融合，具有中西文化的特色❶。

图 6-17　三门塘刘氏宗祠两侧的字母
（摄自天柱三门塘）

图 6-18　三门塘刘氏宗祠牌楼
（摄自天柱三门塘）

（2）内部结构　刘氏宗祠面阔三间，内部结构为两进一天井，见图 6-19、图 6-20 所示。

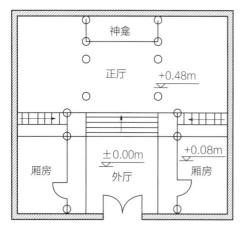

图 6-19　三门塘刘氏宗祠平面图（作者自绘）

图 6-20　三门塘刘氏宗祠内景图（摄自天柱三门塘）

❶ 袁显荣. 清江祠韵 [M]. 大众文艺出版社，2005.

第一进为外厅，是门楼底层兼通道，二楼两侧有花栏厢房。

第二进是正厅，面阔三间，两侧山墙均为砖墙，中间两扇都是五柱的木构架，其中后面四柱在同一竖列上，前面一根立柱向布列。正厅地面高出天井约0.4m，正厅抵后墙处有神龛。

#### 6.1.2.4 舒氏宗祠

舒氏宗祠坐落于天柱县白市镇新舟寨脚公路边，坐北朝南，是一座精美、古色古香的建筑。始建于1876年，建祠当初，只建成第一进，直到1917年，家族众人协力增建第二进，重粗活族人共同完成，雕刻绘画细活聘请巧匠能工，1920年夏竣工。1937年，族人加修祠内左、中、右三座神龛和一间祭祀会宴时烹饪用的厨房。

（1）牌楼　舒氏宗祠牌楼雄伟巍峨，工艺精湛。牌楼正中用一尺多厚的青石条柱围砌成宗祠大门，大门往上1m处的大石板上横书"舒氏宗祠"四个大字，再往上2m处的一块青石板竖书舒氏的郡号"京兆郡"。牌楼上部分两层飞檐凌空。大门两侧各柱分别镌有四副书法上乘的对联，牌楼上的几层浮雕彩塑如"岳母刺字""马武取洛阳""舒雅中状元""舒祗应审判冤案""唐元和八年舒文奥题奏受皇恩封牡丹赋"等历史典故跃然墙上，人物形态呼之欲出。两侧还有"白玉关"和"摩天岭"等彩图依然鲜艳在墙。牌楼两侧面墙上的欧式圆拱窗户上方，两边各有宝塔状装饰物屹立墙脊，显得格外雅致壮观。宗祠两侧山墙为高低错落的封火墙，呈三重檐马头墙，层层飞翘，气势雄奇（见彩图6-10）。

（2）内部结构　舒氏家祠面阔三间，内部结构为两进一天井，四周是砖墙，里面是木构架，见图6-21所示。

第一进为外厅，是门楼底层兼通道，通往正厅阶梯两边分别是两天井，天井两侧是二楼带花栏的厢

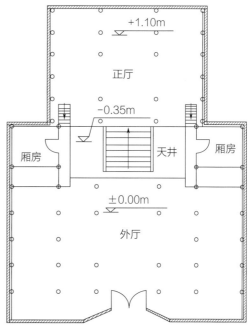

图6-21　白市新舟舒氏家祠平面图（作者自绘）

房。外厅是一座一连三间的高大房屋，无楼，六扇面阔五间，靠山墙的左右两扇均为五柱，正中两扇是四柱，中柱用抬梁替代，见图6-22、图6-23所示。

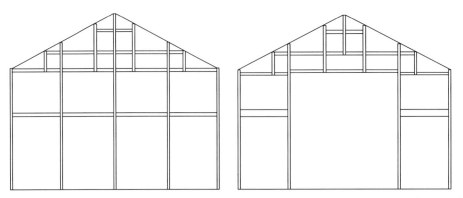

图6-22　舒氏家祠外厅靠山墙两扇柱剖面图　　图6-23　舒氏家祠外厅中间四扇柱剖面图（作者自绘）

第二进是正厅，面阔三间，山墙两扇是六柱木构架，中间两扇都为五柱的木构架，中柱用抬梁替代，见图6-24、图6-25所示。正厅地面高出天井约1.1m，正厅抵后墙处布设有神龛。

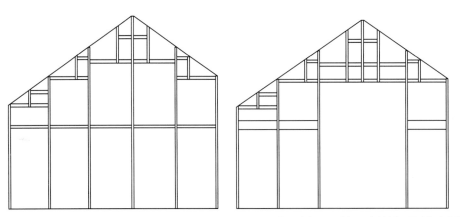

图6-24　舒氏家祠正厅靠山墙两扇柱剖面图　　图6-25　舒氏家祠正厅中间两扇柱剖面图（作者自绘）

清水江下游宗祠中除砖、木材、石灰外，青石板也是重要建筑材料。大门的门柱、门梁、门槛是青石，地坪、台阶、石磉是青石，许多祠牌坊及雕塑也是青石。这些青石多数产于清水江下游锦屏县上方约10km的卦治，卦治岩是有名的优质岩，岩质细腻，硬度高，抗风化性能高，抗裂性好，不长青苔，耐高温，火烧不炸裂，岩层顺丝，易于开采、切割与镌刻。清水江下游人民修祠用它，民居建筑、铺路修桥、各种碑刻都用卦治岩 ❶。

### 6.1.3 宗祠的功能

北侗清水江下游的宗祠兼具萨坛与鼓楼的功能，融合流域文化、木业文化、苗侗文化、宗族记忆和儒家文化为一体，是侗族人民进行拜宗祭祖、仰敬先祖、思孝奉先、修谱立规、晒谱缮牒、议事协商、彰德倡荣、教育办学、发展传承文化及举行娱乐文化活动等的场地，是巩固氏族团结力量、维系氏族荣华富贵的重要场所，是一个家族形象的集中体现，反映了家族实力、家族地位、家族兴衰、家风传承等 ❶。

宗祠是受儒家文化影响的建筑，以家族为单位修建的用于祭祀祖先的公共场所，宗祠与鼓楼的建设主体都以家族为单位，但鼓楼比家祠更开放，过去大家族或富有的家族都建有家祠 ❷。北侗地区历史上开发较早，宗祠建筑比南侗普遍，南侗发展较早的少数村寨也建有宗祠，如黎平潭溪石氏宗祠、三江良口镇和里杨氏宗祠、南寨杨氏宗祠等。但南侗地区大多数村寨没有宗祠，南侗地区也有少数村寨既有萨坛也有祠堂，如通道的高铺村。

## 6.2 飞山庙

侗族现在仍然遗存许多庙宇，如飞山庙（有些地区也叫飞山宫）、土地庙、城隍庙等，飞山庙最具有侗族民族特色。如通道县坪坦村修建有孔庙一座、城隍庙一座、南岳庙一座、飞山庙两座、萨坛一座，一个侗族村寨同时修建有这么多庙坛是极少见的（彩图 6-11～彩图 6-14）。

### 6.2.1 飞山庙的建筑形式

飞山庙（飞山宫）或飞山祠都为侗族独特祭祀庙坛建筑，内设有飞山公神像。飞山庙的建筑形式多样，小的有一块石头或一个坑洞，大的有重檐殿宇，最常见的是单座小型建筑。

---

❶ 袁显荣. 清江祠韵 [M]. 北京：大众文艺出版社，2005.
❷ 江明生. 少数民族民间管理传统与政府社会管理的关系研究：以侗款为例 [M]. 北京：科学出版社，2017.

### 6.2.1.1 单座小型飞山庙

单座小型飞山庙（飞山宫）只有独座建筑，建筑外围多采用砖墙，内部使用木质结构，里面布设有飞山公神像，如图6-26～图6-31，和彩图6-15所示。

图6-26 吴氏飞山宫正面（摄自通道坪坦村）

图6-27 吴氏飞山宫侧面（摄自通道坪坦村）

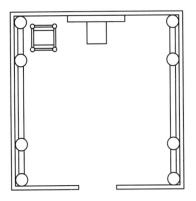

图6-28 坪坦村吴氏飞山宫平面图（作者自绘）

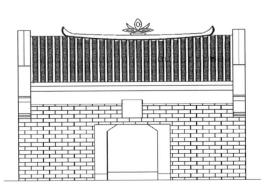

图6-29 坪坦村吴氏飞山宫正立面图（作者自绘）

图6-30 隆里古城飞山庙（摄自锦屏隆里古城）

图6-31 隆里古城飞山庙正立面图（作者自绘）

### 6.2.1.2　重檐殿宇飞山庙

重檐殿宇的飞山庙多以院落窨子屋形式呈现，四周围砌封火墙，多数盖有马头墙檐，里面采用木质构架。高大砖墙起作用于防火、防御和保护里面木质构架，增强庙宇气势。飞山庙一般布设有山门、过厅、正殿、配殿、阁楼、戏楼、厢房等部分，用木质构架建构成两进或三进，高度一层或两层。第一进多是戏台和过厅，且用天井采光。第二或三进是举行祭祀场所，正殿是各飞山庙（飞山宫）的中心建筑，也是雕绘饰的重点。各飞山庙（飞山宫）都布置有飞山公神像。厅堂各柱刻贴有对联，墙、抬梁、窗棂等常有花鸟人物的彩绘、浮雕或镂刻；各厅都建于柱础或石台基之上以防湿防腐。以下列举 3 个有名的重檐殿宇飞山庙。

（1）锦屏飞山庙　锦屏飞山庙坐落于锦屏县城东北角，清水江的北岸，坐北朝南。始建于 1769 年，1813 年及 1881 年都进行过修葺。其中 1872 年对戏楼进行重修，1893 年对阁楼进行重建。1958—1962 年进行过部分修缮，1966 年遭受损毁，庙里面的壁画、匾联、雕像全都被毁坏，1986—1997 年由贵州省文化出版厅及锦屏县人民政府陆续拨款维修。1982 年 2 月 23 日，经贵州省人民政府批准公布为省级文物保护单位。

飞山庙依山傍水构成封闭式的四合院，布设三进，主体建筑有戏台、正殿及阁楼，正殿左侧有僧房、客房等附属建筑，周围有高封火墙，构成封闭性院落，占地面积 2740m$^2$，建筑面积为 727m$^2$，见图 6-32、图 6-33 所示。

图 6-32　锦屏飞山庙（摄自锦屏县城）

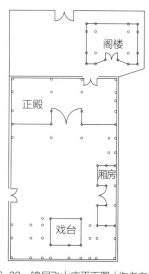

图 6-33　锦屏飞山庙平面图（作者自绘）

第一进是山门、天井、厢房与戏台，戏台面阔 13.15m，进深 7.45m。戏台雕梁画栋，见彩图 6-16。

第二进是正殿，面阔三间 13.8m，进深 10.4m，是一座四扇面阔三间的高大房屋，无楼，靠山墙的左右两扇均为五柱，正中两扇是四柱，中柱用抬梁替代，见图 6-34、图 6-35 所示。

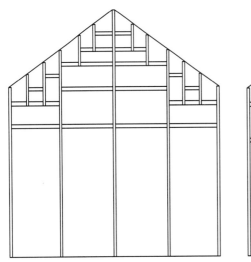 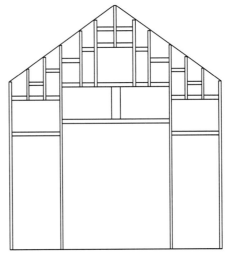

图 6-34　锦屏飞山庙正殿靠山墙两扇的剖面图　　图 6-35　锦屏飞山庙正殿中间两扇的剖面图（作者自绘）

第三进是飞山阁楼，高 24.8m，是四层三重檐四角攒尖顶式建筑，翼角出檐深远，各层屋面盖小青瓦，脊砖紧扣，上置琉璃宝顶，木梯上下相通，是现存最高的木质阁楼式木构古建筑。底层面阔与进深均为 10.8m。金柱直径 0.4m 左右，直通四层，既是二、三层的金柱，又是四层的檐柱，成为楼身的骨干。二层与底层的面积相等。三层面阔、进深均为 7.9m，其檐柱立于二层顶部金柱与檐间的递角梁及单步梁上。四层面阔与进深均为 5.35m，刚好为底层金柱之间的距离。

（2）靖州飞山庙　靖州飞山庙，又称威远侯庙。古庙原址在飞山山顶，1184年移到飞山山麓，重修于 1445 年，1508 年在庙前布设石牌坊，其上嵌刻"惠此南国""威镇渠阳"的巨石匾。修复后飞山庙肃穆庄重，长 72.5m，宽 24.5m，黑瓦红墙、白檐歇山顶。庙设三进，第一进是天井与戏楼；第二进是过厅与正殿；

第三进是娘娘殿 ❶。

（3）铜仁飞山宫　铜仁中山路锦江河边的飞山宫是一座高大的三进式的院落，现在保存有山门、正殿、配殿、戏楼，正殿进深三间，面阔三间，穿斗式木结构，山墙面设封火墙，屋顶覆盖青瓦的窨子屋。

### 6.2.2　飞山庙的功能及分布

飞山庙因靖州飞山而得名，现仍遍及侗族地区，如锦屏县三江镇飞山路清水江畔的飞山庙，岑巩县思旸镇校场坝龙江河畔飞山庙，镇远县城东的令公庙，天柱县地湖乡飞山宫，剑河县革东马郎路飞山宫，铜仁中山路锦江河畔飞山宫，绥宁东山飞山庙等。贵阳的飞山街因其原有一座飞山庙而得名。北迁的侗族如湖北恩施、重庆黔江等地的侗族也建有飞山庙。

## 6.3　萨坛

### 6.3.1　萨坛的建筑形式

（1）一块禁地　萨坛最古老的形式是一块禁地，没有具体建筑物。如通道县芋头侗寨的萨岁坛就是由四根大木柱及其支撑的横枋构成的一个方形的框架（图 6-36），黎平永从镇中寨、黎平德顺镇地青侗寨、黎平中罗侗寨、榕江加所侗寨的萨坛原本也是山上一块平地，后来才在上面盖了一座小木屋。

（2）露天坛　露天坛以土坛为主，以石块封围（图 6-37），有大有小，有高有矮，有的旁边另设供案，有的还在周围筑围墙保护，是最常见、数量最多、形式最经典。为了旅游开发，坪坦村新修了一座颇为雄伟的萨坛，并于 2012 年 7 月 23 日举行了隆重的安殿仪式，见彩图 6-14。

（3）房屋坛　将萨坛置于楼内，称为萨堂，建筑有简有繁，见彩图 6-17、彩图 6-18。

---

❶ 曹万平. 侗族民间美术研究 [D]. 长沙：湖南师范大学，2017.

图 6-36　芋头村萨岁坛（摄自通道芋头村）　　图 6-37　通道祭萨广场露天坛（摄自通道县城）

（4）萨坛和祠堂组合　在萨坛边加建供奉的祠堂，或建成萨玛祠院落。如宰荡侗寨有萨玛祠两座，均建成于 1403 年，一座位于上寨中部的萨玛祠为室内神坛，在一个矩形的小屋内，占地面积约 4m²，是用板壁围合成的神坛；另一座是位于下寨中部萨玛祠院落，将室内神坛与室外神坛组合，即用木板壁围合成矩形小屋作为室内神坛，使用片石围砌和中心填土垒堆作为室外神坛，室外神坛上种植青叶树，见彩图 6-19。

榕江三宝侗寨的萨玛祠，受到儒家宗祠建筑的影响，大门为三阙建筑，中间为庑殿顶，左右为硬山顶，门前置一对麒麟石雕，萨玛祠两头有封火墙的祠堂，代表萨玛的半开纸伞置于堂内供台上。

### 6.3.2　萨坛的功能

"祭萨"是侗族同胞祭祀女性先祖的活动，是侗族原始宗教信仰的重要内容。"萨坛"汉语翻译为祖母坛，侗族人在村寨边缘或者村寨中心的吉地修建坛祠。

## 6.4　土地祠

土地祠是侗族民间最为普遍的祭祀建筑，又称土地庙或土地屋。侗寨逢寨必有土地祠，建筑的形式极为丰富，小的土地龛置于大门一边或入寨路边，用青石板或三块砖搭建，稍大一点的是寨前村头用木头或砖建的小屋，大一点的是地方片区的土地庙。用整块青石板精心雕刻的庑殿顶，加四块石板封墙的土地祠遍布侗乡，数量远超出鼓楼[1]。

土地祠的建筑形式有：大门龛型、三块砖型（图 6-38）、砖瓦型（图 6-39）、木屋型、石雕型（图 6-40、图 6-41）。石雕土地祠是侗寨最常见的形式。

图 6-38　三块砖型的土地祠（摄自会同木舟）

图 6-39　砖瓦型的土地祠（摄自天柱白市）

图 6-40　石雕型青石板土地祠（摄自天柱木杉）

图 6-41　石雕型青石板土地祠（摄自通道芋头）

土地祠的制作材料能经得起日晒雨淋，侗族对土地神的敬重使土地祠得到了很好的保护。每年六月中旬或逢年过节侗乡普遍都敬奉土地神。

---

❶　曹万平.侗族民间美术研究 [D].长沙：湖南师范大学，2017.

# 第7章
## 侗族村寨边缘的建筑

## 7.1 禾晾和粮仓

禾晾和粮仓是未集成的民居建筑，一般位于侗寨的边缘地段，为木质结构。侗寨木楼防火难，火灾时粮食转移难，木楼不易防鼠，因此在水中修建远离民居的独立粮仓群，使仓库部分远离水面或地面，利于防火、防鼠、通风防潮，保存粮食。粮仓旁边或上层设置禾晾，晾晒稻穗。

### 7.1.1 禾晾

禾晾是晾晒稻谷的木架建筑，是适应侗族传统的粮食生产方式的产物。禾晾是在两根柱子中间穿上许多横木杆，上盖一个较窄的雨篷，有些建于水中可防鼠（见彩图 7-1、彩图 7-2）。以前稻谷收割是一穗一穗地采摘，捆扎成把挑回家，之后在禾晾上挂晒晾干，再收进禾仓储藏。禾晾较多的侗寨主要是交通不便的偏远地方，如从江高增、岜扒、占里，黎平的述洞、黄岗，榕江的大利等，一般有粮仓的地方才有禾晾。

现在稻谷收割用打谷机脱粒，脱粒后的稻谷必须由晒谷坪、竹垫、油毯等摊晒，禾晾失去了意义。目前禾晾作为侗寨配景，是一种标志性建筑。

### 7.1.2 粮仓

侗族粮仓也称禾仓，是一个简化和缩小的小型干栏式木楼。粮仓为穿斗式吊脚楼建筑，常建在水中（鱼塘或溪流中），条件有限的也建在旱地上，不设固定楼梯，简易楼梯挂于粮仓边，随时取用，以免为老鼠留路。粮仓是杉木板封闭的六面体，壁板是横嵌的，而民居房屋的壁板是竖嵌的，四柱或六柱落地，有门无窗，见彩图 7-3。

南侗村寨粮仓比北侗村寨多见，从江、榕江交界与黎平西南一带侗寨较多。多数粮仓是仓库与晾架组合式建筑，仓库一侧或上层有禾晾和一个小空台，便于整理谷物。如黎平黄岗侗寨的粮仓大部分建在池塘中，也有建在山坡上。锦屏县瑶白侗寨属于北侗，也建有独立的粮仓。北侗地区虽然不用禾晾，但是也用这种独立的粮仓建筑，如芷江冷水溪岩头咀、锦屏瑶白等侗寨就能见到独立粮仓，怀化芷远也有此类粮仓。

粮仓分为单层仓、双层仓（见图7-1、图7-2）、单间仓、双间仓（见图7-3、图7-4）、多间仓。楼顶为双坡分水，屋面盖小青瓦或杉木皮。粮仓有大有小，大仓可贮谷近万斤，小仓可装几千斤。

图7-1 双层粮仓（摄自黎平黄岗村）

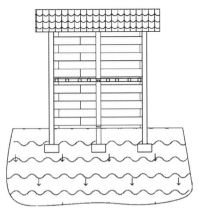

图7-2 黄岗村双层粮仓的立面图（作者自绘）

图7-3 双间单层粮仓（摄自黎平流芳村）

图7-4 流芳村双间单层粮仓的立面图（作者自绘）

现在很多侗寨的粮仓不再使用，而是改用白铁皮做的贮粮筒置于家中，可以看到很多侗寨的粮仓本来是建在塘中，因为弃之不用了，也就任由池塘干涸，不再管理。粮仓也用于搁置其他东西，很多粮仓上或者粮仓吊脚下放着棺材、板车、犁耙等物，甚至粮仓屋顶漏雨也不管了（见彩图 7-4、彩图 7-5）。

黎平县九潮镇高寅村现在仍保存有 10 座古粮仓，其中 1 座粮仓的横梁上写着"康熙十一年"（1672 年）的字样。该仓层高为两层，占地面积 160m²。门槛及楼板厚度都约为 7cm。更为独特的是各个门口都设置一根木枋穿过立柱锁住粮仓，用以防盗，木锁长约 4m，厚约为 8cm，见彩图 7-6。

几百年来，侗族粮仓散发芬芳，清香飘溢，这里是勤劳的侗族人民转动着日月的场地，展现着生活希望的处所，记载着侗家儿女的生生世世，记录着千万侗家儿女的方方面面，也见证着侗家儿女的酸甜苦辣。

# 7.2　凉亭

侗族凉亭是有屋顶、无墙板，供人们歇息用的建筑物，杉木建造，屋面小青瓦或杉皮，多采用侗族特色的木结构建筑形式。凉亭多建于侗族村寨的边缘地带，如山坳、路旁、岔路口、溪河边、井边，是供路人歇息、遮阳避雨、交流经验的地方，是适应步行交通的便利设施，也是一道亮丽的风景。以前侗区田野、山路间广泛散布着凉亭，方便路人和田间劳作时歇息。现在乘车取代了步行，凉亭逐渐失去作用。目前侗族地区遗留下来的凉亭还很多，近几年来，侗区政府在公路沿线的侗族村寨修建了许多凉亭式农村客运招呼站、候车亭，候车亭经济实用、方便群众，也为日渐减少的凉亭建筑补充了新的内涵。

## 7.2.1　四边形空间的建筑形式

古建的凉亭和新建的招呼站、候车亭多为四边形空间，是最常见的凉亭建筑形式。布列成两排立柱方形或三排立柱长形，亭内设长廊式美人靠，或者柱子之间横穿的枋木兼作凳子，高度与凳子一致，板面较宽。梁枋下有花格挂落，屋顶多为悬山顶，有做工讲究的也用歇山顶、庑殿顶、攒尖顶等，为多重檐龙凤翘角，具有典型的侗族建筑风格，见图 7-5 ～图 7-7 及彩图 7-7 ～彩图 7-11。

图 7-5　三排立柱悬山攒尖顶的候车亭

（摄自榕江干烈）

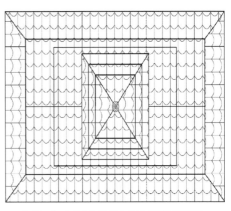

图 7-6　三排立柱候车亭的屋顶平面图

（作者自绘）

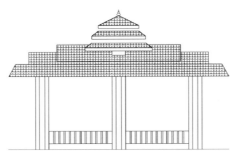

图 7-7　三排立柱候车亭的正立面图（作者自绘）

## 7.2.2　六边形空间的建筑形式

布列六根立柱成六边形空间，亭内设置六边形长凳美人靠，梁枋下有花格挂落，屋顶多为多重檐翘角攒尖顶等，见图 7-8 ～图 7-11 及彩图 7-12。

图 7-8　六柱攒尖顶的凉亭（摄自榕江苗兰）

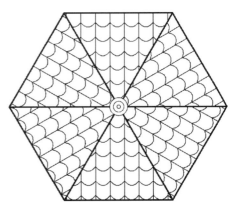

图 7-9　六柱攒尖顶凉亭的屋顶平面图

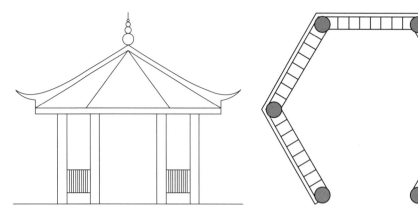

图 7-10　六柱攒尖顶凉亭的正立面图（作者自绘）　　图 7-11　六柱攒尖顶凉亭的平面图（作者自绘）

# 7.3　古井和井亭

侗族有寨必有井，侗民对水井极为爱惜，精心修缮，用石板围砌水井周边，加盖井棚、井亭等，使水井干净、方便、长久耐用。

侗寨水井一般用石板构筑多级水井池子，将饮用水、洗菜池、洗衣池等逐级分开，干净卫生。大石板井棚遮盖泉眼处，防止动物、落叶、杂物进入井池，保护水源。有些青石井棚雕龙刻凤，做工极为讲究（见彩图 7-13 ～彩图 7-15）。

井亭是侗寨的一类特色建筑，以悬山顶为多，以便洗菜、洗衣，侗民乘凉、聊天歇息。最具侗族特色的是在水井边或井亭里，放有供路人喝水的水瓢或筒勺，有供路人歇息的石墩或长凳（见图 7-12 ～图 7-14 及彩图 7-16、彩图 7-17）。

图 7-12　侗寨井亭（摄自黎平地扪）

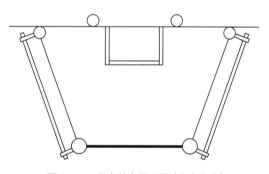

图 7-13　侗寨井亭平面图（作者自绘）

侗寨井亭充满着对陌生人的温馨关怀，散发着与人为善的人性光辉，还常把鱼、龟、青蛙、龙等亲水动物当作图腾崇拜，作为侗族传统建筑的彩绘、雕饰以及其他民间工艺的主要题材。

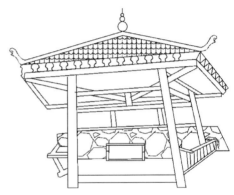

图7-14　黎平地扪井亭构架图（作者自绘）

黎平堂安侗寨的瓢井清泉，泉水四季长流，冬暖夏凉。整块青石做成的石瓢，形似木瓢，泉水从两边左右凹梢流出，便于村民可以两桶同时接水，节省挑水时间。瓢井下依坡分建三级水池，第一级是生活饮用水，第二级是洗菜池，第三级是洗衣池，泉水最后流入鼓楼与戏台中间的三个大水塘中，用于防火养鱼，环保实用，设计科学合理，也是一道靓丽的风景线（见彩图7-18、彩图7-19）。

## 7.4　斗牛场

斗牛场就是提供给牛打架的场所，以前斗牛场较简单，一块田地或一块山坳空地即可。后来，斗牛比赛都在传统的斗牛场进行，斗牛场是四周有观众席并设有保护栏的竞技场，是侗族人民娱乐休闲的场地。

如今，斗牛比赛规模越来越大，修建的斗牛场也越来越宏伟。例如，贵州榕江县七十二寨斗牛场始建于2013年，整座场馆依山而建，分为ABCD四个看台。斗牛场占地面积约为41000m$^2$，可容纳五万名观众。该斗牛场是榕江七十二侗寨最大斗牛场，也是标志性建筑，旨在弘扬当地浓郁、独特的侗族斗牛文化。广西三江侗族自治县单体木构建筑"侗乡鸟巢"东方斗牛场坐落于三江鼓楼的对面，设置标准座位6000多个，外观设计类似北京的国家体育场"鸟巢"，是当今最具民族特色的商业运作大型木制斗牛场馆。

# 第8章
## 侗族的其他建筑

## 8.1 鼓楼坪、祭天坪

如鼓楼坪、祭天坪都是侗族村寨具有民族特色的娱乐休闲广场。侗族地区各地村寨的鼓楼坪（见彩图 8-1 ~ 彩图 8-3）均已通过精心装饰，鼓楼坪已经成为侗族的特色建筑。

通道县坪坦村拥有一个宽大壮观的鼓楼坪，坐落于鼓楼和萨坛前面，用大理石平铺地面，中间以鹅卵石镶嵌铺成一个八角圆盘，鼓楼坪周边有许多民居衬托，是坪坦侗寨举行不同活动的场地（见图 8-1）；黎平县黄岗村的祭天坪都是以鹅卵石镶嵌铺砌花纹。

图 8-1 坪坦村鼓楼坪（摄自通道坪坦）

## 8.2 石料路桥

侗族人民齐心合作、热心公益，在侗乡的山间田野中，重要道路铺石质路，逢路有凉亭，逢水有花桥，岔路有报路碑。

### 8.2.1 石质路

石质路分为石子路与石板路，是步行交通时代的高等级道路，石子路用鹅卵石铺贴，石板路用青石板铺设，修建耗资费工。石质路遍及侗乡的村内外，从村头到村尾，从寨门到鼓楼，从萨坛到歌坪，从凉亭到码头，从各家各户到水井，侗寨的各条巷子都铺满了石子路或石板路。寨内用鹅卵石铺贴成各种不同花纹的石子路（见图 8-2 ~ 图 8-5），也称花街。

图 8-2　太阳图案的石子路（摄自榕江大利）

图 8-3　鱼图案的石子路（摄自黎平肇兴）

图 8-4　菱形套环图案的石子路（摄自黎平肇兴）

图 8-5　中国结图案的石子路（摄自黎平肇兴）

村寨之间用石板路延伸，见彩图 8-4 ~ 彩图 8-9。石材大小搭配、肌理均匀、楔形挤实，应用于铺装青石板路、鹅卵石路，比现在用水泥铺设的硬化路面更耐用结实，更整齐美观、干净卫生，雨天也不会泥泞沾鞋。

## 8.2.2　石板桥

石板桥为一块巨大的整石板，长约 3m，宽约 0.5m，厚近 20cm（图 8-6、图 8-7）。石板桥是简支桥，因青石板密度大，极为沉重，开采、搬动、架设难度都很大，一大块石板需要动用百十号人才能够从采石场地搬运到架桥处，修建架设大石板桥梁需要兴师动众，号召全村寨所有青壮劳力全部出动才能完成。

图 8-6  宰荡村石板桥（摄自榕江宰荡）　　　图 8-7  芋头村石板桥（摄自通道芋头）

侗乡的石板桥也极具民族特色，宽大的石板桥面都会刻画上整齐的纵横交错的防滑纹理，河中桥墩用经过加工制作的青石堆砌成菱形，石板两头的中间凿一圆孔以便拴缆绳固定，以防溪河涨水，洪水冲毁石板❶。

## 8.3　水轮房和鱼塘鱼屋

侗族村寨还有许多具有民族独特的建筑，如水轮房、榨油坊、鱼塘鱼屋等。

以前，款场坪、水轮房、榨油坊也是侗族的特色建筑，如今已逐渐被淘汰，20 世纪 70 年代以前电力不发达，侗寨用水轮房发电、碾米，现在各地侗寨已很难见到此类建筑。各地侗寨的榨油坊，现已被机器代替。

改革开放后，旅游业得到发展，许多侗寨重建这些侗族的特色建筑，特别是水轮房，作为侗寨的标志性建筑，见彩图 8-10、彩图 8-11。

侗族人爱吃鱼，善养鱼，好腌酸鱼，侗族村寨村民稻田里都养鱼，一般在民居附近挖鱼塘养鱼。由于侗族的民居木楼建筑需要防火池，因此民居伴随鱼塘成为侗寨的特色，见彩图 8-12、彩图 8-13。

## 8.4　保寨林

保寨林不是人工建筑，是一种自然景象，是侗寨一大特色。保寨林与建筑有

---

❶　贵州省民族事务委员会 . 侗族文化大观 [M]. 贵阳：贵州民族出版社，2016.

诸多类似之处，就如无需维修的建筑，因此纳入建筑一类稍作分析。保寨林矗立不动像建筑一样，位于寨头或寨边，历史悠久，是侗寨的一种标志性形象。侗民在大树下乘凉，也将寨子寄托给古树来保护，敬仰、珍视和刻意地保护大树，使保寨林成为侗寨的重要构成部分。

保寨林树林浓密，常见青杠、红豆、榕、樟、楠、橡、檀、柏、杉、松、竹等各种林木自由生长（彩图 8-14～彩图 8-17），使侗族村寨变成绿水青山、树林繁密、鸟语花香、生机盎然的村寨，使侗族村寨的自然环境与人文风景协调共生，呈现自然、和谐、自在的生态环境❶。

---

❶ 贵州省民族事务委员会. 侗族文化大观 [M]. 贵阳：贵州民族出版社，2016.

# 第9章
侗族建筑的营建

## 9.1 侗族建筑营建的设计师

　　无论是侗族传统民居，还是鼓楼、风雨桥（花桥）等公共建筑，这些侗族传统建筑的建造需要掌墨师，也离不开木匠师傅。掌墨师即为掌管墨斗的师傅，是建筑建造时木匠师傅们的"领头人"，负责工程建造的进度与质量，即为建筑工程的"总工程师""总设计师"。掌墨师是建寨造房的核心人物，要想成为掌墨师，先做学徒，成为合格木匠后，才能成为掌墨师，过程需要十年或更长的时间❶。

　　侗族工匠要能熟练使用各种木作工具，要具有较好的运算与记忆的技能。掌墨师要根据主人的要求意愿和自己积累的经验，来决定侗族建筑的木构架，每一建筑的地形地势不同，没有固定的图纸，设计图在掌墨师的脑海里。

## 9.2 侗族建筑的材料与制作工具

### 9.2.1 材料

　　侗族传统民居建筑材料多是当地的木材、石材、青瓦、竹材等，节约建造成本，具有鲜明的民族特色。

#### 9.2.1.1 木材

　　侗族地区森林覆盖面积达 60% 以上，盛产民居建造用量最多的主材杉木。由于杉木四季常青、成材周期短、纹理清晰、质地细腻、易加工、防腐、防虫等特点，侗族传统建筑木构架（见图 9-1）的梁、柱、枋、楼板、墙板以及门、窗、栏

---

　　❶ 陈鸿翔. 黔东南地区侗族鼓楼建构技术及文化研究 [D]. 重庆：重庆大学，2012.

杆等细部装饰都用杉木加工制作，将隔年木料通过干燥、防潮、防腐及防虫处理（见图9-2），通常不选用当年的新木料。

图9-1 风雨桥桥屋构架的木材（摄自黎平高近村）　图9-2 木材防腐、防潮处理（摄自三江冠洞村）

### 9.2.1.2 竹材

侗族房屋建造除了使用杉木，还使用楠竹作为建筑材料。山上有大量的野生竹林，就地取材，竹子主要用作隔墙等围护结构。

建筑施工建造时所用到的丈杆、小样、竹钉以及下料、组装配时采用的竹签都为竹材制成的。营建大型侗族建筑物时，在竹签上标记符号与尺寸，便于指导加工零部件和装配构件。小样既具有建筑模型的功能，又能指导大型建筑（鼓楼、风雨桥等）建造时避免工匠们加工构件和装配时产生错误。竹钉是用于稳固白土制成的小青瓦，竹钉也是建筑榫卯连接的部分。如今竹钉多被铁钉代替。

### 9.2.1.3 桐油、油漆

木材、竹材在使用之前多用防腐剂浸泡，干燥后刷桐油或油漆，利于增强材料的耐久性、防腐性和防虫性。

### 9.2.1.4 白土

屋檐前面采用的白色瓦是使用白土制成的，即用黏性较强的白土与水拌合，制成瓦坯，干燥后高温焙烧制成。

### 9.2.1.5 猕猴桃藤和糯米

鼓楼层檐上的装饰品采用猕猴桃藤和糯米制作，如牛角、侗族人物、动物等，这是侗族独有的建筑艺技。具体操作是将猕猴桃藤锤烂后浸入水中，然后将糯米放入猕猴桃水中浸泡，接着将浸泡过后的糯米蒸煮，将白土和刚蒸熟的糯米拌和均匀，最后再加入浸泡过猕猴桃藤和糯米的水，捏制牛角、侗族人物、动物等不同形状的饰品，装饰于侗族建筑的屋脊、屋面和屋檐。现今，这种技艺多被水泥取代。

#### 9.2.1.6 石材

当地石材打磨加工成石块，在侗族民居木楼建筑中主要用于以下几个方面。

（1）台基和墙基 整个民居建筑建立在台基和墙基之上，台基是根据地形高低将大小不同石材堆砌的一个平台。墙基建在台基上面，高度 150 ~ 200mm，墙基上面连接木质的墙体，防止木墙遭受地面及地下水分直接侵入而腐蚀，见图 9-3、图 9-4。

图9-3 民居石材台基（摄自榕江大利村）

图9-4 民居石材墙基（摄自黎平高近村）

（2）柱础 柱础是建筑柱子下面用的柱基础，即木质柱子下垫的石墩，没有复杂的装饰，是侗族民居住宅建筑重要构件，如图 9-5、图 9-6 所示。

石质柱础能够减少柱子所承受的压力，使建筑构架更趋稳固，有防潮、抗腐及耐损的功能。柱础的雕花装饰通常选取侗族敬仰的动、植物图案，体现侗族同胞热爱生活和对美的追求，也展现柱础结构的艺术魅力。

（3）基础工程 侗族地区以山地为主，在斜坡上用碎石搭建一个相对较整齐的平台，之后于此平台上架起穿斗式木构架建筑物。大料石材为骨、小料填充，用作堡坎、护坡等基础工程（图 9-7、图 9-8），有启下承上、传递重力的作用，防潮湿、防涨水、防山区的猛兽与蛇虫等危险动物。

图 9-5　民居的石墩柱础（摄自天柱木杉村）　　图 9-6　鼓楼石墩柱础（摄自黎平纪堂上寨）

图 9-7　民居石材的堡坎、护坡（摄自黎平纪堂上寨）　图 9-8　民居石材的地基工程（摄自黎平纪堂上寨）

### 9.2.1.7　砖与砌块

砖与砌块材料在侗族传统民居中出现的时间较晚，现今广泛用于侗族民居建筑中，多用于辅助用房或部分干栏式民居的一、二层，由于木结构建筑本身在防潮、防腐、耐久等方面的问题，现在侗族干栏式部分民居的一、二层用砖墙围砌（见图 9-9、图 9-10），三层用木墙，为了防火安全，厨房多数搬至一层。

### 9.2.1.8　青瓦

侗族传统民居均为人字形屋面，上面覆盖着青灰色的小青瓦，见图 9-11、图 9-12。

青瓦一般就地取材，选择质量好、杂质少的土，烧结到最后阶段，窑呈还原气氛，$Fe^{3+}$（主要形式为 $Fe_2O_3$）还原成 $Fe^{2+}$（主要形式为 FeO 或 $Fe_3O_4$），才形成特有的瓦灰色。青瓦质量轻、质地硬、不易破碎，瓦层叠铺盖，通风透气，吸热，不反光，不会对人的视觉产生强烈的刺激，使得建筑整体看起来自然而又质朴。

图 9-9 砖墙围砌一、二层的侗族民居
（摄自从江美德）

图 9-10 砖墙围砌一层的侗族民居
（摄自通道红香）

图 9-11 待用的青瓦（摄自三江横岭村）

图 9-12 民居的人字形青瓦屋面（摄自黎平堂安村）

侗族建筑的材料应用决定了建筑色彩，棕褐色的木结构、青灰色屋面的瓦，以及其他建筑装饰都采用与建筑周围色彩相融合的色彩，淡雅而朴实，整体呈现灰色基调，与周围环境的青山、整体面貌融合一体，见彩图 9-1。

## 9.2.2 木作工具

（1）斧 斧在木工制作中起着伐木、制材和扣凿入木等作用（图 9-13）。

（2）凿 凿常被制成尖状，常用于剔、穿、挖槽、打孔，多与斧配合使用（见图 9-14）。

（3）锯 侗族木工的用锯一般为框架锯，即锯的一侧安装锯条，另一侧用一根绳绕框缠绞紧，插竹片别子固定，以便调整锯条的角度和松紧，简称框锯。分大、小两种形式，给小木料断料或制榫时使用小型框锯，大木料的纵向断料和横向解材使用大型框锯，现在的大型框锯都被机锯所替代[1]，见图9-15、图9-16。

图9-13　侗族木工的斧和凿（摄自天柱木杉）　　图9-14　侗族木工用斧与凿挖槽（摄自天柱木杉）

图9-15　小型框锯（摄自天柱木杉）　　　　图9-16　机锯（摄自黎平纪堂）

（4）马凳　将两根木头锯短，交叉制成一个下宽上窄的"×"木架，且于交叉处用一根木条斜穿落地成支撑脚，是侗族木工最常见的架木工具[2]，见图9-17。

（5）尺　鲁班尺也是常用的木工尺，一尺平均分成八寸，每一寸上分别写有财、病、离、义、官、劫、害、吉，也称"八字尺"。建房修桥时，特别是量裁门户尺度时，为了图求吉利安康，掌墨师必须使用鲁班尺进行度量[1]，见图9-18。

侗族木工作矩用的"L"形尺，称"勾尺"，也叫"曲尺"。长边约有两尺，没有刻度，宽且薄，多为黑色，叫尺翼；短边约有一尺，钉有刻度片，叫尺柄，见图9-19、图9-20。

❶　莫俊荣. 掌墨师 [M]. 南宁：广西人民出版社，2017.

❷　秦红增，韦丹芳. 手工艺里的智慧：中国西南少数民族文化多样性研究 [M]. 哈尔滨：黑龙江人民出版社，2010.

图9-17　马凳（摄自天柱木杉）

金黄色的尺面，字迹清晰，刻度明显

图9-18　鲁班尺

图9-19　曲尺照片（摄自天柱木杉）

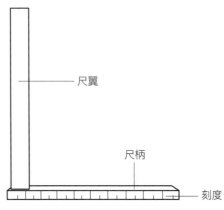

尺翼

尺柄

刻度

图9-20　曲尺示意图（作者自绘）

（6）丈杆　丈杆是侗族工匠师傅在木结构建筑制作与安装时使用的丈量工具，既有施工放线功能，又有度量功能的营造尺，也称"香杆"。丈杆是在一根竹片的正反两面上刻画有经过计算和设计的中柱、二柱、瓜柱、穿枋洞口、出檐尺寸、榫卯位置等关键部件的高度和位置，并用不同的木工符号标明出来❶，见图9-21。

图9-21　丈杆（摄自天柱木杉）

图9-22　墨斗（摄自天柱木杉）

---

❶　莫俊荣.掌墨师 [M].南宁：广西人民出版社，2017.

丈杆有总丈杆与分丈杆之分，总丈杆用来丈量确定建筑的长度与高度，是一把总尺子，杆上标注建筑物进深、柱高、面阔等总尺寸，相当于施工用的基本图纸；分丈杆是标注建筑物具体部位和构件的细部尺寸，比如檐柱丈杆、金柱丈杆、明间面宽丈杆、次间面宽丈杆等，都详细丈量记录榫卯具体位置和各构件具体详细尺寸，相当于施工中的详图或具体图纸。丈杆也能够检查木构件安装位置的误差，校定其准确性，是侗族工匠师傅们长期经验积累流传的传统施工方法，可靠稳妥，至今仍然使用 ❶ 。

（7）墨斗　墨斗由一个墨仓和一个手转摇动缠绕墨线的线轮构成，墨仓是圆斗形的，里面放些许棉纱或海绵，并浸入墨汁，木匠自制，雕成鱼形、桃形、龙形等造型，装饰各异，是木工炫耀手艺或自娱的方式。木材表面定位划线用墨斗，缠绕于线轮上的墨线通过墨仓的细孔引出，将其固定在需要制作加工的材料前端，在加工木材的表面绷直引线，提拉墨线，绷弹在需要画线的地方，用完后手摇转动线轮把墨线缠绕回原位 ❷ （图 9-22）。

（8）刨　侗族木工匠用刨多为台刨，台刨是一把带方口且斜向插有刀刃的木质台座，左右两边配置手柄（图 9-23），以便手握把柄推拉操作，主要加工光木面和细平木的平木工具。现在侗族木工也用现代的机刨（图 9-24），以提高效率。

图 9-23　台刨（摄自天柱木杉）

图 9-24　机刨（摄自天柱木杉）

## 9.3　侗族建筑营建的流程

侗族建筑木构架的营建的主要流程差别不大，以下重点介绍传统民居和鼓楼的营建流程。

❶　郝瑞华 . 三江侗族建筑的科技人类学考察 [D]. 广西：广西大学，2006.

❷　莫俊荣 . 掌墨师 [M]. 南宁：广西人民出版社，2017.

### 9.3.1 民居的营建流程

建造房屋是每个家庭的重要事件，一般要经过多个繁复程序才能够修建起来 ❶（如图 9-25）。

侗族民居建房需要经历较长时间的步骤有：备料、下料、外壁板和室内板的安装、完善工程。相比较而言，木构架的斗枋制作完成后，排扇立架时间较短，两天左右的时间即可完成主构架。

房屋营建有几个关键步骤：侗族民间修建新房，都会先择基定向，选择好日子定期动土，聘请木匠师傅加工制作木构架，建房立屋前一天固定木构架的脚枋，分列排好每榀屋架主柱，第二天，再由众乡亲邻及亲朋好友帮忙齐心协力落成。

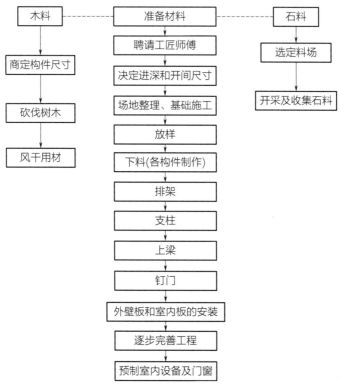

图 9-25　民居的营建流程

#### 9.3.1.1　备料、下料

备料、下料见图 9-26、图 9-27。

---

❶ 张育齐.贵州玉屏侗族传统村落的保护与文化传承初探 [D].西安：西安建筑科技大学，2018.

图 9-26　备料（摄自从江牙现村）　　　　　　图 9-27　下料（摄自三江冠洞村）

侗族房屋建造尺寸的习俗，主柱一般按照"仓四""圈六""房八"，即仓柱、圈柱、房柱的高度尾数分别取四、六、八。房高常用一丈六尺八寸（5.6m）或一丈八尺八寸（6.267m），也有较高的楼房，如二丈一尺八寸（7.267m），二丈八尺八寸（9.6m）等。进深多取二丈八尺八寸（9.6m）、三丈一尺八寸（10.6m）、三丈七尺八寸（12.6m）等 ❶。

### 9.3.1.2　排扇与立柱

立柱的头一天排扇，依据掌墨师的指挥，工匠与帮工们将不同构件摆放在相应位置，用"穿"将柱和瓜连接起来，形成一榀（扇）屋架。立柱当天凌晨，帮工汇集，用斗枋连接已排好的屋架竖立起来（见图 9-28）。立架布设时，在地面先把各榀构架整体装配好，支戗到位，再用斗枋将各榀屋架连接串联，最后横架檩条（桁条）。

图 9-28　立柱（摄自天柱木杉村）　　　　　　图 9-29　红布包梁（摄自天柱木杉村）

---

❶ 徐强 . 肇兴传统民居建筑形态及地域文化探究 [D]. 哈尔滨：哈尔滨师范大学，2014.

### 9.3.1.3　上梁

上梁是最关键的程序，梁木选材考究。

（1）开梁口、包梁、敬梁　确定砍梁、制梁人，由其砍下梁木（多为杉树），把梁木按制梁的长度截下中间一段，抬回来放在刚竖立完成的新房木构架之前，由木工动手制作。木工用板凿在梁木两端与中柱衔接之处凿成凹形，然后将梁木仰放在中堂外，用丝线缠绕稻穗、毛笔两支、精墨两锭、一双椿木筷子和老皇历在梁木中心，再用一块 1.2 尺方块红布覆盖，把钱币 4 枚钉紧在红布四角（见图 9-29），梁木两端分别写上贺语（见图 9-30）。

图 9-30　梁木的贺语（摄自天柱木杉村）

（2）升梁、贺梁　两青年从堂中两侧将梁木缓缓平衡地抬至中柱顶端，使梁口嵌入柱口（见图 9-31），并贺梁（图 9-32）。

图 9-31　升梁（摄自天柱木杉）　　　　图 9-32　贺梁（摄自天柱木杉）

（3）抛梁粑　将"抛梁粑"和果品糖食盛入箩筐中，用绳索分别拉到梁木的两端（图 9-33、图 9-34），同时，新屋中堂内设立两席茶点，邀请挚友亲朋入席就座，庆祝主人新居落成。

### 9.3.1.4　安装与完善

钉堂屋大门，也称"钉财门"，大门（财门）门槛和门楣（过龙枋）的选材十分考究，门槛用材最好用龙爪木或栗木，门楣需选用高大乔木解开而成。

立柱竖屋、钉椽条、盖瓦（见彩图9-2）、装板壁（见彩图9-3），还可装饰柱子、阳台、廊沿和屋顶飞檐，做窗花等，平整场坝、做地坪。用桐油涂抹柱头和板壁（见彩图9-4、彩图9-5）以防潮、防腐，同时光泽美观，房前屋后种草、栽花、种树。

图9-33　抛梁粑（摄自天柱木杉）　　　　图9-34　保梁粑（摄自天柱木杉）

以上就是传统自建住宅的建房方式，图9-35～图9-39通过数字建模，更加直观地表述整个房屋的建构顺序。

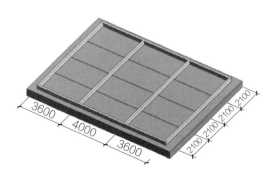

图9-35　场地平整，标明开间尺寸

图9-36　排架、立柱、上梁　　　　　图9-37　屋面盖瓦，保护木结构

图 9-38　铺设楼枕和楼板　　　　图 9-39　安装围护结构与门窗

（以上传统建筑营建示意图由作者自绘）

20 世纪 90 年代之后，随着新型建材的兴起，侗区经济能力的提升和审美观的转变，侗族传统民居的建筑风貌和房屋内部结构发生了巨大的变化，方便适用、防水耐久越来越被重视。砖混和石木结构的民居营建技术逐渐渗入，建房风俗与汉族居住文化渐渐融为一体。

侗族居民凝聚团结，房屋挨着紧凑建造，建造过程对周围环境及居民生活影响较小。

### 9.3.2　鼓楼的建造

南侗地区多数侗寨按族姓修建鼓楼，多个姓氏侗寨建有多个鼓楼。寨中建造鼓楼，全村寨村民捐钱捐物，同心协力，众志成城地参与劳作。鼓楼营建有几个关键步骤，见图 9-40 所示。

（1）商议　鼓楼营建是村寨中的大事，需要通过村民集体商议讨论，过去与现在的商议方式不一样，过去是由德高望重的寨老主持会议，村民集体讨论裁决；现在是通过村委会、党支部书记与老年协会商议确定。

（2）选址　考虑鼓楼建造的实际情况以及环境，交通、土地规划要求，鼓楼选址一般遵循先建鼓楼再建村寨的原则，即村寨以鼓楼为地理方位的中心，民居围绕着鼓楼修建。新建或扩建鼓楼，如果村寨的空间位置不足，或者村寨中心已被征用，可选在

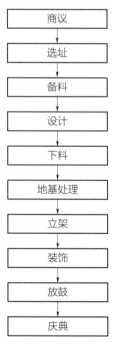

图 9-40　鼓楼建造流程

村寨其他位置建造。侗族村民在建造鼓楼时，会依据村寨的自然环境把整个村寨拟物化，比如贵州黔东南黎平肇兴侗寨在建造鼓楼时，把村寨比拟成一艘船，鼓楼就像船上的帆，五座鼓楼就比喻成五张帆，船头的鼓楼帆矮，而船中和船尾的鼓楼帆逐渐增高，象征代表着航行前进中扬帆起航的船。有部分村寨把村寨比拟成某种动物，就在重要部位建造鼓楼，赋予鼓楼中枢的核心位置。

（3）备料　鼓楼主体结构用材主要为杉木，村寨里的每家每户都会捐供木料，以体现村民共同参与、协同建造鼓楼。周围村寨也会捐赠材料与物品，增强村寨间的交往联络。雷公柱、中柱等选料也十分讲究。

由于大梁需要支承整个鼓楼宝顶的重量，所以对大梁的质量要求最高。鼓楼立柱之间的距离越宽，大梁所需支承的重量越大。这寓意他们是村寨或家族的主体，支撑着整个村寨或家族。

（4）设计　营建一座鼓楼需要掌墨师（负责总设计）设计出每个部位与构件尺寸大小以及榫卯的开口位置，主持设计营建、弹墨划线等。另外，木工师傅们根据掌墨师的设计对木料进行加工制作成作品。

在鼓楼的整个设计过程中，掌墨师没有图纸参考，主要利用竹子制作成的构件来进行设计构思，比如竹制香杆，用上等质量的楠竹制作香杆，将整根楠竹劈成两半，切割其长度与鼓楼的中柱长度相等，将青皮削掉后，在香杆上刻上鼓楼的各个零部件的长、宽、高尺寸以及位置（如中柱、横梁、穿枋等），再用木质的专业符号标示，香杆主要用于标定鼓楼在垂直方向的结构体系。而鼓楼的横向建造，利用竹签来进行规划设计，与垂直方向使用的香杆相同。掌墨师弹画墨线是关键，指导着整个鼓楼的建造。

鼓楼的营建过程，不同村寨的香杆与竹签刻画的"木工代码"不完全相同，因为这些技艺多为祖传前人的技术与经验，而许多"木工代码"都是通过自己创造或者传承前辈师傅的。因此，不同地区和师承，"木工代码"以及它所表达的含义也有差异，常使用的一些"木工代码"如图9-41所示。

鼓楼的营建历经了成百上千年的发展历程，各地都已形成了既定的模式，鼓楼的进深、内部高度的尺寸都可循例参考。如果大梁的材质好，地基面积大，鼓楼进深尺寸就可布设稍大一些。同理，中柱的材质好，鼓楼就能建得高一些。

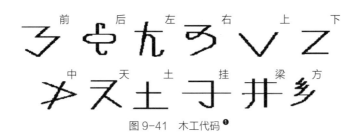

图 9-41 木工代码 ❶

（5）下料　下料就是加工鼓楼的使用材料，这是影响整个营建至关重要的一个过程，为了合理下料掌墨师需要对鼓楼的梁、柱等建筑材料进行精细加工设计，对其他构件也进行设计加工，在香杆和竹签上一一标明它们的位置。工匠师傅们需要把柱、梁等材料依照掌墨师弹画好的墨线和标记，进行精准凿眼加工，锯出榫头，分门别类地堆放。

（6）地基处理　处理不平整场地，利用挖方与填方平衡，平整鼓楼及鼓楼坪的地基，在其上面铺砌鹅卵石，并拼绘出花、鱼、八卦、钱文等花鸟走兽的花纹图案和几何图形，表示吉祥如意（见彩图 3-29），展现了侗民审美艺术。鹅卵石地坪防滑、耐脏，以便于在侗民们逢年过节举行唱侗歌跳舞和芦笙踩堂，如今部分侗寨鼓楼和鼓楼坪也铺设成水泥地；也有一些鼓楼根据地形地势的高低和不平整地基，调整布设立柱长短，在鼓楼底层吊脚架空，建造成杆栏式的鼓楼。

（7）立架　鼓楼构件加工制作和场地平整完成，就开始立架过程：祭祀、立主柱、立檐柱、连接穿枋、叠加瓜柱、架大梁、立雷公柱、构建宝顶。

（8）装饰　鼓楼主体构架修建完成后，就可对鼓楼进行细加工和装饰。这个过程也需要许多木匠、画匠、泥匠、瓦匠等共同劳作，才能够顺利地完工。

（9）放鼓　鼓楼完成立架、装饰等的工作后，还要在鼓楼顶部的小阁布设大鼓，使之成为名副其实的鼓楼。在鼓楼里面的某棵立柱上架设木梯，便于村寨中突遇紧急情况下，登楼爬梯至顶部的小阁，敲打皮鼓传递信息。

（10）庆典　鼓楼落成后，鼓楼建造的主寨要举行隆重的庆祝大典，盛宴款宾，村民会热烈庆祝三天，在新建的鼓楼坪周围举行热闹的"踩歌堂"仪式，周围的侗寨也会前往庆贺，这展现了鼓楼在侗族人民心中占有的重要位置 ❷。

---

❶ 胡宝华 . 侗族传统建筑技术文化解读 [D]. 南宁：广西民族大学，2008.
❷ 陈鸿翔 . 黔东南地区侗族鼓楼建构技术及文化研究 [D]. 重庆：重庆大学，2012.

# 侗族建筑实景图

## 侗族民居建筑

彩图 2-1❶　侗族民居木构架（摄自从江牙现村）

彩图 2-2　"倒金字塔"式古木楼（摄自黎平高寅村）

彩图 2-3　干栏式民居木楼（摄自从江付中村）

---

❶　图号与正文章节对应。

彩图 2-4　干栏式民居木楼（摄自黎平纪堂村）

彩图 2-5　侗族民居的天井（摄自榕江大利）

彩图 2-6　侗族民居院落的青石板（摄自榕江大利）

彩图 2-7　民居的山面披檐（摄自榕江料里村）

彩图 2-8　民居重檐悬山屋顶（摄自榕江料里村）

彩图2-9 悬山顶与攒尖顶组合（摄自黎平肇兴村） 彩图2-10 悬山顶与攒尖顶组合（摄自黎平黄岗村）

彩图2-11 侗寨民居屋顶（摄自黎平竹坪）

彩图2-12 古钱花脊 彩图2-13 牛头＋宝瓶花脊 彩图2-14 古钱花脊

（摄自从江增盈村） （摄自通道红香村） （摄自榕江宰荡村）

彩图 2-15　方孔古钱花脊
（摄自三江冠洞村）

彩图 2-16　宝瓶花脊
（摄自黎平肇兴村）

彩图 2-17　"品"字花脊
（摄自天柱木杉村）

彩图 2-18　牛头花脊
（摄自榕江料里村）

彩图 2-19　双龙花脊
（摄自黎平纪堂村）

彩图 2-20　五角星花脊
（摄自黎平地扪村）

彩图 2-21　民居"吞口"入口（摄自天柱木杉村）

彩图 2-22　民居"八字彩门"（摄自天柱木杉村）

彩图 2-23　传统民居木窗（摄自天柱木杉村）

彩图 2-24　民居木玻璃窗（摄自黎平黄岗村）　　彩图 2-25　民居传统格子木窗（摄自黎平黄岗村）

彩图 2-26　万字格木栏杆（摄自榕江宰荡村）　　彩图 2-27　直条木栏杆（摄自榕江大利村）

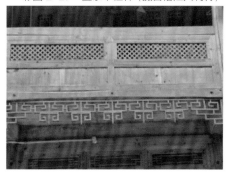

彩图 2-28　卷云木栏杆（摄自黎平黄岗村）　　彩图 2-29　斜格木栏杆（摄自黎平地扪村）

彩图 2-30　侗族吊脚楼（摄自天柱三门塘）　　彩图 2-31　侗族高脚楼（摄自榕江宰荡村）

彩图 2-32 侗族民居外檐卷棚装饰（摄自榕江宰荡村）

# 侗族鼓楼

彩图 3-1 八柱凉亭鼓楼（摄自通道坪坦村）

彩图 3-2 六柱凉亭鼓楼（摄自黎平黄岗村）

彩图 3-3 地灵上寨鼓楼（摄自龙胜地灵村）

彩图 3-4 坪坦鼓楼（摄自通道坪坦村）

彩图 3-5　横岭河边鼓楼近景（摄自通道横岭村）　　彩图 3-6　横岭河边鼓楼远景（摄自通道横岭村）

彩图 3-7　高定独柱鼓楼近景（摄自三江高定村）　彩图 3-8　高定独柱鼓楼内景（摄自三江高定村）

彩图 3-9　多重檐的鼓楼（摄自从江占里鼓楼）

彩图 3-10　横岭河边鼓楼正面（摄自通道横岭村）

彩图 3-11　鼓楼兼戏台（摄自通道横岭村）

彩图 3-12　有门有窗的鼓楼（摄自榕江宰荡）

彩图 3-13　有门无窗的鼓楼（摄自黎平黄岗）

彩图 3-14　无门无窗的鼓楼（摄自黎平纪堂下寨）

彩图 3-15　无门无窗的鼓楼（摄自黎平肇兴）

彩图 3-16　程阳岩寨鼓楼的悬山顶（摄自三江程阳八寨）　彩图 3-17　牙上鼓楼的歇山顶（摄自通道芋头村）

彩图 3-18　风情鼓楼（摄自从江銮里）　　　彩图 3-19　通道马田鼓楼（摄自通道马田）

彩图 3-20　增冲鼓楼近景（摄自从江增冲）

彩图 3-21　肇兴鼓楼塔刹仰视照片
（摄自黎平肇兴）

彩图 3-22　黄岗鼓楼塔刹仰视照片
（摄自黎平黄岗）

彩图 3-23　肇兴鼓楼檐口不起翘（摄自黎平肇兴）

彩图 3-24　鼓楼仙鹤、升龙（摄自三江县城）

彩图 3-25　鼓楼的楼身不封墙（摄自榕江宰荡鼓楼）

彩图 3-26　鼓楼的独木楼梯（摄自榕江宰荡鼓楼）

彩图 3-27　鼓楼的石墩柱础（摄自黎平堂安鼓楼）　　彩图 3-28　鼓楼的石础（摄自榕江宰荡鼓楼）

彩图 3-29　鹅卵石铺砌的鼓楼地坪（摄自从江金勾鼓楼）

彩图 3-30　鼓楼的屋脊装饰（摄自通道皇都鼓楼）

彩图3-31　鼓楼的檐角造型（摄自通道皇都鼓楼）

彩图3-32　鼓楼的檐角泥塑（摄自黎平肇兴智团鼓楼）

彩图 3-33　鼓楼外部的涂漆彩绘

（摄自黎平黄岗溪边鼓楼）

彩图 3-34　鼓楼的涂漆彩绘

（摄自从江銮里）

彩图 3-35　鼓楼的动物装饰（摄自黎平黄岗老寨鼓楼）

彩图 3-36　鼓楼的人物装饰（摄自黄岗老寨鼓楼）　彩图 3-37　鼓楼的人物泥塑装饰（摄自黄岗禾晾鼓楼）

彩图 3-38　纪堂鼓楼二龙
抢宝装饰（摄自黎平纪堂）

彩图 3-39　肇兴鼓楼二龙
抢宝装饰（摄自黎平肇兴）

彩图 3-40　从江增盈鼓楼二龙
戏珠装饰（摄自从江增盈）

彩图 3-41　吊柱装饰（摄自三江颐和鼓楼）　彩图 3-42　露头梁枋和吊柱装饰（摄自黎平高近鼓楼）

彩图 3-43　纪堂上寨鼓楼的斗拱（摄自黎平纪堂上寨）　彩图 3-44　美德鼓楼的斗拱（摄自从江美德）

彩图 3-45　鼓楼的饰物悬挂（摄自黎平纪堂上寨）　图 3-46　肇兴信团鼓楼的木刻字（摄自黎平肇兴）

彩图3-47　宰荡鼓楼悬挂的牛角（摄自榕江宰荡）彩图3-48　黄岗溪边鼓楼悬挂的牛角（摄自黎平黄岗）

彩图 3-49　鼓楼望板遮盖（摄自榕江鼓楼）

彩图3-50　增冲鼓楼内烧柴取暖（摄自从江增冲）　彩图3-51　冠洞鼓楼内烧柴取暖（摄自三江冠洞）

# 侗族风雨桥

彩图 4-1　增盈亭廊式风雨桥（摄自从江增盈）

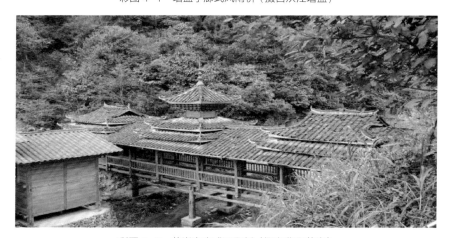

彩图 4-2　黄岗亭廊式风雨桥（摄自黎平黄岗）

彩图 4-3　肇兴义团简支木梁廊桥（摄自黎平肇兴）　彩图 4-4　肇兴仁团简支木梁廊桥（摄自黎平肇兴）

彩图 4-5　横岭混凝土梁柱风雨桥（摄自通道横岭）

彩图 4-6　四寨风雨桥（摄自黎平四寨）　　　　彩图 4-7　地扪风雨桥（摄自黎平地扪）

彩图4-8　单跨伸臂式木梁桥（摄自通道永福桥）

彩图4-9　三跨伸臂式木梁石墩廊桥（摄自通道普修桥）

彩图4-10　四跨伸臂式木梁石墩廊桥（摄自三江程阳永济桥）

彩图4-11　廻龙桥（摄自通道平日村）

彩图4-12　歇山式顶和重檐攒尖顶的桥亭（摄自黎平地坪风雨桥）

彩图4-13　程阳桥的屋面的装饰（摄自三江程阳桥）

彩图 4-14 攒尖顶上的鸟（摄自三江程阳桥）

彩图 4-15 普修桥左大门的装饰（摄自通道皇都）

彩图 4-16 普修桥右大门的装饰（摄自通道皇都）

彩图 4-17 普修桥内的装饰（摄自通道皇都）

彩图 4-18 "挹芳揽胜"字匾 　彩图 4-19 "云霞波光"字匾 　彩图 4-20 "民族芳躅"字匾
（摄自通道皇都）　　　　　（摄自通道皇都）　　　　　（摄自通道皇都）

彩图 4-21　地扪村民办生态博物馆 　　　彩图 4-22　地扪村民办生态博物馆内景
（摄自黎平地扪）　　　　　　　　　　（摄自黎平地扪）

# 侗族寨门、戏楼

彩图 5-1　程阳八寨中门的近景图（摄自三江程阳八寨）

彩图5-2　坪坦村16柱牌楼式寨门（摄自三江坪坦村）彩图5-3　纪堂8柱牌楼式寨门（摄自黎平纪堂）

彩图5-4　牙现10柱牌楼式寨门（摄自从江牙现）彩图5-5　干烈8根混凝土柱牌楼式寨门（摄自榕江干烈）

彩图5-6　黄岗12柱牌楼式寨门（摄自黎平黄岗）彩图5-7　纪堂12柱牌楼式寨门（摄自黎平经堂）

彩图 5-8　皇都侗寨新寨寨门（摄自通道皇都）

彩图 5-9　尚重寨门正面（摄自黎平尚重）

彩图 5-10　黎平尚重寨门背面（摄自黎平尚重）

彩图 5-11　肇兴仁团楼宇式戏楼（摄自黎平肇兴）

彩图 5-12　肇兴仁团戏楼近景（摄自黎平肇兴）

彩图 5-13　皇都戏楼鼓楼组合（摄自通道皇都）　　彩图 5-14　横岭戏楼鼓楼组合（摄自通道横岭）

彩图 5-15　堂安鼓楼戏楼组合（摄自黎平堂安）　　彩图 5-16　黎平堂安戏楼照片（摄自黎平堂安）

彩图 5-17　纪堂上寨戏楼（摄自黎平纪堂）

# 侗族祭祀建筑

彩图 6-1　坌处王氏宗祠的牌楼（摄自天柱坌处）

彩图 6-2　白市新舟宋氏宗祠（摄自天柱白市）

彩图 6-3　白市杨氏先祠的楼牌（摄自天柱白市）

彩图 6-4　白市杨氏先祠正殿清白堂近景图（摄自天柱白市）

彩图 6-5　白市杨氏先祠戏楼（摄自天柱白市）

彩图 6-6　白市杨氏先祠戏楼仰视图（摄自天柱白市）

彩图 6-7　远口吴氏总祠楼牌（摄自天柱远口）

彩图 6-8　远口吴氏总祠内景图（摄自天柱远口）

彩图 6-9　三门塘刘氏宗祠实图照片
（摄自天柱三门塘）

彩图 6-10　白市新舟舒氏宗祠
（摄自天柱白市）

彩图 6-11　通道坪坦村孔庙（摄自通道坪坦）

彩图 6-12　通道坪坦村吴氏飞山宫（摄自通道坪坦）

彩图 6-13　通道坪坦村南岳庙（摄自通道坪坦）

彩图 6-14　通道坪坦村萨坛（摄自通道坪坦）

彩图 6-15　白市新舟单座小型飞山庙（摄自天柱白市）

彩图 6-16　锦屏飞山庙的戏台（摄自锦屏县城）　　彩图 6-17　堂安房屋型萨坛（摄自黎平堂安）

彩图 6-18　纪堂房屋型萨坛（摄自黎平纪堂）　　彩图 6-19　宰荡下寨中部的萨玛祠院落（摄自榕江宰荡）

# 侗族村落边缘的建筑

彩图 7-1　美德村禾晾（摄自从江美德）

彩图 7-2　占里村禾晾照片（从江住建局提供）

彩图 7-3　地扪村粮仓群（摄自黎平地扪）

彩图 7-4　闲置不管的粮仓（摄自黎平黄岗）

彩图 7-5　搁置杂物的粮仓（摄自黎平黄岗）

彩图7-6　高寅村的古粮仓（摄自黎平高寅）

彩图7-7　两排立柱歇山顶招呼站（摄自通道坪坦）

彩图7-9　三排立柱歇山顶凉亭（摄自榕江宰荡）

彩图7-8　两排立柱庑殿顶招呼站（摄自通道坪坦）

彩图7-10　三排立柱悬山顶凉亭（摄自天柱木杉）

彩图 7-11　横岭村两排立柱下方上八角三重檐攒
尖顶的凉亭（摄自通道横岭）

彩图 7-12　地扪村六根立柱两重檐六角攒
尖顶的凉亭（摄自黎平地扪）

彩图 7-13　黎平纪堂上寨古井　彩图 7-14　通道红香村饮用水古井　彩图 7-15　通道红香村洗菜、
（摄自 黎平纪堂、通道红香）　　　　　　洗衣古井

彩图 7-16　程阳八寨井亭（摄自三江程阳八寨）

彩图 7-17　冠洞村井亭（摄自三江冠洞）

彩图 7-18　堂安的瓢井清泉（摄自黎平堂安）　　彩图 7-19　堂安的鼓楼与水池（摄自黎平堂安）

# 侗族的其他建筑

彩图 8-1　冠洞村的鼓楼坪（摄自三江冠洞）　　彩图 8-2　皇都的鼓楼坪（摄自通道皇都）

彩图 8-3　肇兴的鼓楼坪（摄自黎平肇兴）

彩图 8-4　纪堂上寨的石板路（摄自黎平纪堂）

彩图 8-5　大利村的石板路（摄自榕江大利）

彩图 8-6　横岭村的石板路（摄自通道横岭）

彩图 8-7　堂安的石板古道（摄自黎平堂安）

彩图 8-8　木杉村的石板古道（摄自天柱木杉）

彩图 8-9　地良村的石板古道（摄自天柱地良）

彩图 8-10　肇兴侗寨水轮房（摄自黎平肇兴）

彩图 8-11　皇都侗寨的水轮房（摄自通道皇都）

彩图 8-12　芋头村鱼塘、鱼屋（摄自通道芋头）

彩图 8-13　坪坦村鱼塘（摄自通道坪坦）

彩图 8-14　纪堂上寨的保寨林（摄自黎平纪堂）

彩图 8-15　木杉村的保寨林（摄自天柱木杉）

彩图 8-16　付中村的保寨林（摄自从江付中）

彩图 8-17　大利村的保寨林（摄自榕江大利）

# 侗族建筑的营建

彩图 9-1　侗族民居建筑色彩（摄自三江高定村）

彩图 9-2　盖瓦（摄自三江程阳八寨）

彩图 9-3　装板壁（摄自三江程阳八寨）

彩图 9-4　涂油漆（摄自黎平纪堂）

彩图 9-5　涂桐油（摄自通道横岭）